TRAITÉ ÉLÉMENTAIRE

DE

COMPTABILITÉ

24 800. — Typographie A. Lahure, rue de Fleurus, 9, à Paris.

TRAITÉ ÉLÉMENTAIRE

DE

COMPTABILITÉ

PAR

J.-G. COURCELLE-SENEUIL

DEUXIÈME ÉDITION

PARIS

LIBRAIRIE HACHETTE ET Cie

79, BOULEVARD SAINT-GERMAIN, 79

1879

TRAITÉ ÉLÉMENTAIRE
DE COMPTABILITÉ

INTRODUCTION

I. — Définitions.

Toute opération industrielle, commerciale ou agricole, telle que vente, achat, prêt, emprunt, payement, etc., peut être constatée par quelques mots d'écriture, tels que « vendu tel objet, tant, » ou « payé à tel ou pour tel objet, tant ». Cette mention écrite d'une opération constitue un *article*.

Les articles se classent par *comptes*.

Un compte se compose d'un ou plusieurs articles constatant des opérations qu'on désire comparer ensemble, soit parce qu'elles ont été faites avec une même personne, soit parce qu'elles sont de même nature ou ont pour objet des capitaux de même sorte.

Prenons pour exemple le plus simple des comptes établi sur un livret d'épicier. On y trouve que tel jour l'épicier a livré à la personne à laquelle le livret est affecté tant de sucre, tant de café, tant d'huile, etc. La mention de chaque vente constitue un article et l'ensemble des articles constitue le compte, auquel figurent exclusivement les opérations faites avec le titulaire du livret. Si l'épicier a un autre livret sur lequel il constate toutes ses recettes en espèces et tous ses payements, la mention de chaque somme reçue ou payée fait un article, et tous ces articles forment un compte, le compte de caisse de l'épicier.

Une maison qui fait des affaires considérables a presque toujours un grand nombre de comptes destinés à conserver l'histoire des opérations faites. Cette histoire peut servir à deux fins, savoir : 1° à faciliter les recherches pour lier utilement aux opérations passées les opérations futures et, par exemple, pour payer ce qu'on doit ou recouvrer ce qui est dû ; 2° à fournir les renseignements que le chef de maison peut désirer sur la marche de ses affaires et notamment sur le résultat général des opérations pendant un temps donné.

La *comptabilité* est l'art d'établir et de combiner les comptes de manière à satisfaire le mieux possible à l'une et à l'autre de ces deux fins.

Chaque personne, pour les capitaux qu'elle possède et administre, chaque entreprise industrielle, commerciale ou agricole, peut avoir des comptes établis et combinés autrement que ceux des autres personnes ou des autres entreprises. On peut avoir des comptes incomplets, sans coordination, ni combinaison quelconque; on peut les combiner, au contraire, et les coordonner d'une manière plus ou moins intelligente.

Les comptes incomplets sont ceux qui ne constatent pas tous les capitaux de la personne que ces comptes intéressent et ne les suivent pas dans tous leurs mouvements. Tels sont les livrets de blanchisseuse, de cuisinière etc., qui servent bien à constater les opérations faites avec les cuisinières ou blanchisseuses, mais qui ne rendent raison ni des recettes ni des dépenses d'ensemble de la maison qui s'en sert. Il est évident que tous ces comptes incomplets peuvent être utiles pour la première des deux fins de la comptabilité, mais sont inutiles pour la seconde.

Pour satisfaire pleinement aux deux fins de la comptabilité, il est indispensable que les comptes d'une maison constatent : 1° la somme et la forme des capitaux que la maison possède à l'époque prise pour point de départ; 2° en quelles mains ces capitaux ont passé; 3° les transformations qu'ils ont subies; 4° les accroissements ou diminutions qu'ils ont éprouvés pendant la période de temps à laquelle les comptes s'appliquent.

Il peut convenir quelquefois que les transformations et les accroissements ou diminutions de capitaux soient constatés en détail et quelquefois qu'ils soient constatés en somme seulement. Mais il faut toujours que des comptes complets montrent la somme de capitaux à laquelle ils s'appliquent et les mains auxquelles ces capitaux se trouvent.

On confond à tort quelquefois la comptabilité avec l'art de diriger les entreprises industrielles et plus souvent avec la tenue des livres. L'art du comptable se borne à combiner les comptes destinés à constater les opérations de l'entreprise dont il est l'historien. L'art du chef d'entreprise est tout autre : il consiste à réunir et grouper des capitaux et des hommes de manière à produire et acquérir la plus forte somme de richesses possible, à faire des affaires et à les faire bonnes. Il se trouve, relativement au comptable, dans la situation de l'homme d'État relativement à l'historien qui raconte ses actes. On peut être excellent comptable et détestable homme d'affaires ; on peut être, quoique plus rarement, un homme d'affaires très-distingué et un médiocre comptable.

Le comptable se rapproche davantage du teneur de livres et on les confond souvent. Cependant les fonctions de l'un sont aussi distinctes de celles de l'autre que celles de l'architecte sont distinctes de celles du maçon. Pour être un bon teneur de livres, il suffit de tenir les livres établis par le comptable exactement et proprement, de connaître la méthode générale qui enseigne la manière de les tenir. Pour être comptable, il faut être capable de trouver la combinaison de comptes la meilleure pour une entreprise donnée, de juger quels détails peuvent être omis impunément, tandis que d'autres doivent être relevés avec soin, pour satisfaire le mieux possible à la double fin de la comptabilité. Le propre du teneur de livres est de suivre fidèlement un chemin tracé, tandis que le comptable doit savoir tracer le chemin et le rectifier au besoin. Le teneur de livres est routinier sans inconvénient et peut-être même convient-il qu'il le soit, tandis que le comptable doit être inventif et exempt d'esprit de routine. On peut être un excellent teneur de livres et un comptable nul ; on peut être un excellent comptable et un médiocre teneur de livres.

L'art du comptable n'est qu'une partie et une dépendance de l'art des affaires, et l'art du teneur de livres n'est qu'une branche dépendante de l'art du comptable. La comptabilité fait partie de l'art des affaires et la tenue des livres est une partie de la comptabilité.

Il existe une méthode excellente et généralement adoptée pour l'arrangement des écritures avec des comptes complets et on l'enseigne indifféremment sous les noms de *comptabilité* et de *tenue des livres*. La connaissance de cette méthode est bien indispensable au comptable et au teneur de livres, mais elle ne suffit pas au premier, pour lequel elle n'est qu'un instrument dont il doit savoir se servir selon les besoins variables des entreprises auxquelles il s'agit de l'appliquer. Au contraire, cette connaissance suffit au teneur de livres, à condition qu'il ait appris et sache avoir appris une méthode, non une routine.

La confusion de la comptabilité et de la tenue des livres dans l'enseignement vulgaire a pour résultat habituel de fomenter l'esprit de routine en persuadant aux élèves qu'il n'y a qu'une manière d'établir et de tenir les écritures, celle que le professeur leur a enseignée. De là vient que les bons comptables sont rares et qu'un grand nombre de teneurs de livres sont routiniers, présomptueux et rétifs à toute innovation.

Il est utile à toute personne de tenir des comptes, ne fût-ce que pour se rendre raison de ses revenus et de ses dépenses, afin de mesurer les secondes sur les premiers, de considérer les unes et les autres dans leur ensemble, afin de rectifier les erreurs commises. Dès qu'on veut tenir des comptes, il importe de savoir les tenir correctement et de connaître la méthode par laquelle on peut trouver les meilleures combinaisons. Toutefois, on comprend à la rigueur la négligence que montrent en cette matière les personnes qui ne sont engagées dans aucune entreprise industrielle, commerciale ou agricole, qui vivent de revenus fixes ou d'honoraires et peuvent se contenter de notes plus ou moins informes consignées sur quelques livrets. Mais il en est autrement des personnes engagées dans l'industrie, qui dépensent pour produire et ont besoin de se rendre compte à toute heure des mouvements et des transformations des capitaux qu'elles emploient. Ces personnes doivent, non-seulement tenir des comptes, mais les établir de manière qu'ils soient aussi brefs, aussi clairs et aussi complets que possible.

Ainsi un commerçant achète pour vendre et vend pour payer ce qu'il a acheté ou achètera. Les capitaux dont il dispose changent fréquemment de forme, puisqu'ils prennent alternativement celle d'espèces ou celle de marchandises; en même temps, ils changent de mains, puisque le commerçant prête lorsqu'il vend à terme, et emprunte quand il achète à terme; en même temps, il reçoit comme différence entre le prix d'achat et le prix de vente un certain nombre de sommes, tandis qu'il dépense d'autres sommes en loyer, éclairage, frais de personnel, etc. Comment pourra-t-il se rendre raison des opérations qu'il fait ou peut faire, savoir celles qu'il lui convient de rechercher ou d'éviter, s'il ne cherche des lumières dans un bon arrangement de comptes bien établis et bien tenus? Sans doute, il peut être informé en fin d'année, par un inventaire, du résultat total de ses opérations; mais il ne peut connaître exactement les causes qui l'ont amené, ni être sûr qu'il n'a rien omis ou même qu'il n'a pas été victime de soustractions.

De même le manufacturier, qui transforme des matières premières en produits en payant des machines, des ouvriers, des frais généraux de toute sorte, qui fait subir aux capitaux sur lesquels il travaille les transformations les plus nombreuses et les plus variées, qui joint à ses opérations propres toutes celles que fait le commerçant, ne comprend les avantages ou les inconvénients de chacun des procédés qu'il emploie ou peut employer qu'au moyen de comptes bien arrangés et suivis avec soin.

Il en est de même de l'agriculteur, qui fabrique des graines, des racines, du bétail, comme le manufacturier fabrique des fers ou des tissus, en consommant des matières premières, telles que semences, engrais ou fourrages, en payant des salaires, en employant des engins et outils, et la terre dont il doit retrouver le loyer avec les autres déboursés dans la vente des produits. Nul ne peut savoir quels sont les effets de tel ou tel mode de culture, ni jusqu'à quel point est rationnel celui qu'il a adopté, s'il ne s'en est assuré par les moyens que met à sa disposition l'art de la comptabilité.

Que dire de ceux qui travaillent avec des associés auxquels ils doivent donner raison de toutes les opérations de l'entreprise qu'ils dirigent et de leurs résultats, des directeurs d'assurances et de tous ceux qui s'occupent de la gestion d'intérêts complexes autres que les leurs? Pour eux tous, des comptes bien établis et bien tenus sont de première nécessité.

La connaissance des principes de la comptabilité serait très-utile à un grand nombre de personnes qui, sans être engagées dans l'industrie, sont souvent appelées à connaître, discuter et juger les affaires industrielles : tels sont les avocats et les magistrats. Il est bien difficile aussi aux personnes qui ignorent ces principes de comprendre et de discuter pertinemment les comptes des grandes compagnies industrielles et ceux des finances publiques. On peut dire que cette connaissance est indispensable à quiconque se pique d'avoir reçu une instruction générale digne de l'époque dans laquelle nous vivons.

II. — Langage de la comptabilité.

La comptabilité, comme tous les arts, a son langage propre, ses expressions techniques, ses instruments spéciaux. Nous allons exposer et définir succinctement les termes principaux dont elle se sert; ensuite nous décrirons ses instruments, qui sont les documents commerciaux et les livres.

Les comptes ont d'abord été employés à rappeler les créances qu'un particulier pouvait avoir sur les autres et les dettes dont il pouvait être grevé au profit des autres; puis on a observé que toutes les opérations que la comptabilité était destinée à rappeler, constituant des mouvements ou des transmissions de capitaux, pouvaient être ramenées à la forme de dettes et de créances. Comme toute dette doit être payée et toute créance recouvrée, il y a nécessairement deux sortes d'articles, ni plus ni moins, à chaque compte, savoir : les articles qui constituent le titulaire du compte débiteur et ceux qui le constituent créancier. On appelle les premiers articles *débiteurs* et les seconds articles *créditeurs*.

On divise ordinairement les livres, livrets et feuilles destinés à l'inscription des comptes en deux parties séparées par une ligne verticale. A gauche, on inscrit les articles débiteurs, par ordre de temps, les uns à la suite des autres, de manière qu'ils puissent être facilement additionnés ensemble; les articles créditeurs sont inscrits de la même manière sur la partie droite du livre, livret ou feuille destinés à recevoir le compte. La partie du compte affectée aux articles débiteurs porte ordinairement en tête le mot DOIT, en grosses lettres, et la partie affectée aux articles créditeurs, le mot AVOIR, inscrit de même en grosses lettres. La page ou moitié de page désignée par le mot *Doit* est le côté du débit et s'appelle par abréviation *débit;* la page ou moitié de page désignée par le mot *Avoir* est le côté du crédit et s'appelle par abréviation *crédit.* Inscrire un article au côté gauche d'un compte, c'est *porter* ou *passer* cet article au *débit* du compte; inscrire un article au côté droit d'un compte, c'est *porter* ou *passer* cet article au *crédit* du compte. On dit aussi, dans le premier cas, qu'on *débite,* et, dans le second, que l'on *crédite* le compte.

On obtient l'*état d'un compte* en additionnant d'une part les articles du débit, d'autre part les articles du crédit et en comparant les deux sommes par une soustraction. Lorsque les deux sommes sont égales, il n'y a plus à s'en occuper, puisque les dettes et les créances se trouvent éteintes et on dit que le compte est effectivement *soldé.* Mais le compte peut être aussi soldé fictivement par des écritures : c'est ce qui arrive lorsque, après avoir relevé sa situation, comme nous venons de l'indiquer, on inscrit la différence qui existe entre la somme des articles du débit et la somme des articles du crédit du côté où se trouve la somme la plus faible, de manière à égaliser les deux totaux. Cette différence s'appelle *solde* ou *balance.* Le solde est débiteur quand la somme du débit est la plus forte et créditeur quand c'est la somme du crédit. Le solde exprime le montant de la dette ou de la créance du titulaire du compte. Dire qu'un compte est débiteur ou dire qu'il présente un solde débiteur, c'est dire exactement la même chose.

Une personne qui vient payer une somme qu'elle doit dans une maison dit fréquemment qu'elle vient *solder* son compte, parce qu'en effet une fois que le payement qu'elle fait sera inscrit au crédit de son compte, ce compte se trouvera soldé.

Lorsque le titulaire d'un compte, d'accord en cela avec qui il appartient, désigne un tiers chargé de payer ce qu'il doit ou de recouvrer ce qui lui est dû, le solde du compte peut être porté au débit ou au crédit du compte de la personne désignée pour payer ou recevoir, et le premier compte se trouve soldé. Le transfert d'un solde ou d'un article quelconque du débit ou du crédit d'un compte au débit ou au crédit d'un autre s'appelle un *virement de parties*, ou, par abréviation, un *virement*. S'il s'agit d'un solde, on dit que tel compte a été *soldé par* tel autre compte.

Lorsque le compte a été soldé par des écritures sans avoir été soldé effectivement, on trace un double trait au-dessous des deux totaux égaux du débit et du crédit, et on reporte ensuite le solde au débit, s'il est débiteur, ou au crédit, s'il est créditeur.

Essayons de rendre ces définitions sensibles par un exemple et prenons pour nous en servir le plus simple des comptes, celui d'une personne qui a versé à la Banque de France des sommes d'argent et disposé de ces sommes pour ses besoins. Cette personne, M. N, a versé le 1ᵉʳ mai 5 000 fr., le 4 mai 3 000 fr., le 10 mai 1 500 fr.; il a retiré de la Banque 4 000 fr. le 3 mai, 3 000 fr. le 8 et 1 000 fr. le 15. Son compte s'établira de la manière suivante :

DOIT.		M. N.	AVOIR.
Mai 18...	3 . . . . fr. 4 000	Mai 18...	1ᵉʳ . . . . fr. 5 000
	8 . . . . 3 000		4 . . . . 3 000
	15 . . . . . . 1 000		10 . . . . . . 1 500
	Solde. . . 1 500		
	fr. 9 500		fr. 9 500
			Solde. . fr. 1 500

Les erreurs des teneurs de livres donnent lieu à des *redressements* de compte et à des *contrepassements* d'écritures. On appelle redressement toute rectification apportée au compte après un examen d'ensemble des articles qui le composent. Le contrepassement est l'inscription d'un article destiné à annuler un article antérieur. Ainsi, en examinant le compte de N, je trouve qu'il est crédité d'une somme de 5 000 fr., tandis qu'il n'a versé que 4 000 fr. Je rectifie cette erreur en inscrivant à son débit une somme de 1 000 fr., qu'il n'a pas reçue, de manière que le résultat ou solde du compte soit conforme à la vérité. En ce cas, j'ai placé au débit du compte un article destiné à compenser et annuler une erreur commise au crédit, à solder l'erreur commise. — Si j'avais inscrit 4 000 fr. tandis que N. aurait en réalité versé 5 000 fr., je rectifierais l'erreur en inscrivant à son crédit un article nouveau de 1 000 fr. Cet article serait un redressement, mais il ne serait pas un contrepassement. Tout contrepassement est un redressement, mais tout redressement n'est pas un contrepassement; il n'y a contrepassement que lorsque l'article rectificatif d'une erreur commise au crédit se trouve au débit ou est inscrit au crédit pour rectifier une erreur commise au débit. *Contrepasser*, c'est faire un contrepassement; on désigne aussi cet acte par le mot *contrepassation*.

Faire inventaire, c'est rechercher la somme des capitaux, des créances et des dettes de la maison dont on s'occupe. La somme des capitaux et créances qu'une maison possède constitue son *actif brut;* la somme de ses dettes constitue son *passif;* la différence qui reste lorsqu'on a déduit la seconde somme de la première constitue l'*actif net* ou liquide. Si le passif dépassait l'actif, la maison se trouverait *au-dessous de ses affaires.*

Le *bilan* d'une maison est une note sommaire des capitaux et créances qu'elle possède et des dettes qu'elle a. Le bilan est le dernier résultat, le résumé de l'inventaire.

Il importe de distinguer l'*inventaire réel*, que nous venons de définir, de l'*inventaire des livres*. L'inventaire des livres ne contient que le relevé de l'état des comptes inscrits sur les livres, des soldes débiteurs ou créditeurs. Si les comptes sont complets, s'ils constatent toutes les entrées, toutes les sorties, toutes les transformations ou transmissions de capitaux, l'inventaire des livres représente la situation de la maison. L'inventaire réel le complète par un récolement destiné à constater que les existences de capitaux sont conformes aux écritures, c'est-à-dire que toutes les modifications qu'ils ont subies ont été exactement inscrites.

Les teneurs de livres se servent pour leurs écritures de fiches, de feuillets, de feuilles, de livrets et de livres. — La *fiche* est un petit morceau de papier ou de carton, carré ou oblong, sur lequel on inscrit une annotation simple et qui est destiné tantôt à être classé dans une boîte avec d'autres fiches pour les renseignements, tantôt à être attaché avec une épingle à un document commercial. — Le *feuillet* est une demi-feuille de papier, qui a deux pages, l'une au recto, l'autre au verso.—La *feuille* a quatre pages et se plie en deux. On l'appelle quelquefois *folio*. On donne le même nom aux deux pages d'un livre placées l'une en face de l'autre, portant le même numéro d'ordre et destinées à recevoir, celle de gauche les articles du débit et celle de droite les articles du crédit d'un même compte. — *Folioter*, c'est inscrire les numéros d'ordre d'un livre de façon que deux pages placées en regard l'une de l'autre portent le même. — *Paginer*, c'est inscrire les numéros d'ordre à la suite les uns des autres, page par page. — *Régler* une feuille, un feuillet ou un livre, c'est y tracer des raies verticales à l'encre ou au crayon, qui forment un certain nombre de *colonnes* et constituent la *réglure* de la feuille ou du livre. — La réglure de la plupart des livres se compose de colonnes de dates, de colonnes de références et de colonnes de caisse. La colonne de dates est double: son premier compartiment à gauche contient un espace suffisant pour inscrire l'année et le mois; le second compartiment, plus petit, reçoit l'inscription du quantième du mois. La colonne de références est simple; on l'affecte à l'inscription de chiffres qui indiquent la page ou le folio d'un autre livre ou le numéro d'ordre d'un article ou d'un document. La colonne de caisse est double : son premier compartiment, assez grand pour recevoir un nombre de sept chiffres, est affecté à l'inscription des francs; le second, plus petit, est affecté à l'inscription des centimes. — En Angleterre, la colonne de caisse est triple, parce que les sommes se composent habituellement de livres, de shillings et de pence.

III. — Documents et livres.

Documents. — Nous n'avons pas la prétention de décrire ni même d'énumérer les documents de toute sorte dont se sert le commerce et qui sont le point de départ des écritures de la comptabilité. Ces documents peuvent être divisés en deux classes : dans la première se trouvent ceux qui constatent une opération d'achat, de vente ou de transport de marchandises ; dans la seconde, ceux auxquels donne lieu la liquidation des opérations par payement, cession de droits, etc.

Entre les documents de la première classe, nous pouvons mentionner les plus généralement usités, qui sont la note de commission, la facture, le compte d'achat ou de vente, la lettre de voiture et le connaissement.

La *note de commission* est destinée à faire foi des ordres donnés et acceptés. Elle porte le nom du commettant, le détail et les conditions de la commission et est ordinairement datée et signée. — La *facture* fait foi d'une vente de marchandises ; elle énonce le nom du vendeur, celui de l'acheteur, la date, l'indication détaillée des marchandises vendues et le plus souvent les conditions de la vente. — Le *compte d'achat* ou *de vente* énonce l'achat ou la vente effectuée par un tiers, un courtier par exemple. Ce compte porte le nom de celui qui a fait l'opération, celui de la personne au compte de laquelle l'opération a été faite, le détail et le prix des marchandises achetées ou vendues, enfin les frais de toute sorte auxquels l'achat ou la vente ont donné lieu. — Les notes de commission, les factures, les comptes d'achat et de vente sont ordinairement transcrits sur un livre spécial, au moyen de la presse à copier, par la maison qui les délivre. Ces documents sont recueillis, classés et conservés avec soin par la maison qui les reçoit.—Ils se trouvent fréquemment contenus dans la correspondance générale, dont nous allons bientôt parler.

Mentionnons auparavant la *lettre de voiture*, adressée par l'expéditeur au destinataire d'une quantité de marchandises envoyée d'un lieu à un autre. Cette lettre, remise à l'agent chargé du transport, tel que messager, roulier, compagnie de chemin de fer, etc., énonce le nombre, la marque, le poids des colis expédiés, le délai d'expédition, le prix du transport et les conditions particulières qui peuvent avoir été convenues. — Le *connaissement*, délivré par un capitaine de navire, est la reconnaissance qu'un certain nombre de colis, désignés par leur marque, leur poids ou leur volume, ont été chargés à bord du navire pour être transportés à tel port et à l'adresse de telle personne.

Les documents de liquidation, moins nombreux et plus uniformes que les autres, sont : la facture acquittée, la lettre de change, le billet à ordre ou de banque et le chèque.

La *facture acquittée* est considérée simplement comme un ordre de payer au porteur la somme y exprimée.

La *lettre de change* est un ordre de payer à une personne déterminée ou à l'ordre de cette personne, une certaine somme, quand cet ordre est donné d'une place à une autre. — A, marchand au Havre, a vendu 1 000 kilogrammes de café à 1^{fr},75 le kilogramme, payables à trois mois à B, de Paris, le 1er janvier : il pourra tirer sur B une lettre de change ainsi conçue :

B. P. fr. 1750.

Au 31 mars prochain, veuillez payer à M. C, banquier au Havre, ou à son ordre, la somme de mille sept cent cinquante francs, valeur en marchandises, suivant avis de...

A M. B, marchand à Paris.

Signé : **A.**

La propriété de cette lettre, qui exprime une créance liquide à échéance fixe et acquise à C, peut être transmise à un tiers par un ordre écrit au dos de la lettre et qui, pour ce motif, se nomme *endossement.*

Le *billet à ordre* est une promesse de payer souscrite par un débiteur à son créancier. Ce document peut, comme la lettre de change, être transmis par endossement.

Ce n'est pas ici le lieu d'indiquer en détail toutes les conditions du contrat, fort simple et très-énergique, qui lie les personnes qui figurent comme tireur, comme tiré, accepteur, ou souscripteur, ou à titre d'endosseur, sur une lettre de change ou un billet à ordre.

Le *billet de banque*, payable à vue et au porteur, se transmet par simple tradition et est généralement considéré comme monnaie. Il en est de même du *chèque*, souscrit sous forme de reçu simple ou comme ordre de payer à une personne y nommée une somme à prendre sur des fonds déposés dans une banque.

Il importe toutefois de remarquer que les lettres de change et billets à ordre, étant transmissibles par endossement, doivent être acquittés aux mains d'un créancier indéterminé : celui qui doit les payer ne sait pas à quelle personne il doit, et celui qui les possède ne sait pas habituellement s'il les recouvrera lui-même ou s'il les négociera avant l'échéance. Il résulte de cette circonstance que les lettres de change et billets à ordre, auxquels on donne le nom commun d'*effets de commerce*, font l'objet de comptes particuliers ; les dettes et créances qu'ils expriment ne sont pas inscrites, comme les autres, sous le nom des créanciers ou des débiteurs. On suppose qu'une créance, réglée par la souscription d'un billet à ordre ou par l'acceptation tacite ou expresse d'une lettre de change, est éteinte ou plutôt transférée. En effet, le débiteur ne doit plus au créancier primitif ; il doit au porteur de l'effet de commerce, et le créancier primitif n'a plus rien à lui réclamer à un autre titre que comme propriétaire de l'effet de commerce. — Il en est de même des billets et obligations au porteur.

Livres. — Venons maintenant aux livres et commençons par indiquer quelques-uns de ceux qui ont une importance secondaire, des *auxiliaires*, comme les appellent les comptables.

Nous avons déjà dit comment se formaient, par un simple décalque, les livres de commission et de factures. On inscrit, pour la facilité des références et des recherches, un numéro d'ordre à chaque commission et à chaque facture. On joint à chacun d'eux une table des matières où les noms des personnes qui ont donné l'ordre ou reçu la facture sont inscrits par ordre alphabétique et à la suite de chacun de ces noms se trouvent les numéros des commissions ou des factures qui le concernent.

Les livres d'achats sont la copie des factures reçues de ceux auxquels on a acheté. La plupart des maisons se contentent de recueillir ces factures avec soin, de les numéroter et de les inscrire sur une table des matières ou index établi à cet effet, ou à les classer par ordre alphabétique dans des casiers.

Les livres auxiliaires les plus importants sont, sans contredit, ceux qui sont destinés à conserver la correspondance. Ce sont les seuls dont la loi prescrive la tenue aux commerçants. « Tout commerçant, dit l'article 8 du code de commerce, est tenu de mettre en liasse les lettres missives qu'il reçoit et de copier sur un registre celles qu'il envoie. » En effet, c'est par un échange de lettres que se proposent, se discutent, se forment et se résolvent la plupart des engagements commerciaux, non-seulement d'un lieu à un autre, mais même sur place, depuis que la plupart des commerçants ont pris l'habitude excellente d'écrire et de confirmer, par un échange de lettres, même leurs engagements verbaux. C'est donc dans la correspondance que se trouvent la plupart des données premières de la comptabilité, en même temps que la preuve des engagements actifs et passifs résultant des opérations de chaque jour.

La correspondance commerciale exige un style simple, clair et concis, sans ornements d'aucune sorte. Les lettres échangées entre deux commerçants sont ordinairement rattachées les unes aux autres ou par la mention que, depuis la dernière lettre qu'on a écrite, on n'en a reçu aucune, ou, ce qui équivaut, par la confirmation de la dernière qu'on a écrite. Ces formules, qui étonnent quelquefois les personnes étrangères au commerce, ont pour objet de faire des lettres échangées entre deux maisons de commerce une sorte de livre sans blancs ni lacunes, où se trouve inscrite l'histoire complète des relations qui ont eu lieu entre ces maisons.

Le livre sur lequel le commerçant transcrit les lettres qu'il adresse à ses correspondants s'appelle livre-copie de lettres, ou, par abréviation, *le copie de lettres*. C'est un registre de la grandeur du papier à lettres dont se sert habituellement le commerce, sur lequel on décalque chaque jour, au moyen de la presse à copier, les lettres qui vont être pliées et expédiées par le courrier. Chaque lettre se trouve ainsi reproduite exactement, page par page; au moment de la copier, on l'annote d'un numéro d'ordre et on la mentionne sur un index ou répertoire.

Le *répertoire* du copie de lettres est un livret dont une page au moins se trouve consacrée à chacune des lettres de l'alphabet, qui ressort à la tranche au moyen d'un onglet. Le nom du destinataire de chaque lettre envoyée se trouve inscrit à la page affectée à la lettre de l'alphabet par laquelle commence son nom. A la suite de son nom on inscrit habituellement sa demeure; puis, à la suite, le numéro d'ordre de chacune des lettres qu'on lui écrit. — Comme le copie de lettres remplit presque toujours plusieurs volumes, on a soin d'indiquer sur une fiche collée au dos et sur la reliure de chaque volume le numéro d'ordre de la première et celui de la dernière des lettres qui y sont décalquées. Alors les recherches sont faciles.

Ainsi, j'ai besoin de revoir une lettre écrite à Charles. Je cherche ce nom au répertoire et à la lettre C, et j'y trouve mentionnés les numéros 37, 115, 190. Je cherche au copie de lettres le numéro d'ordre 190; puis, s'il y a lieu, le numéro 115, et enfin le numéro 37. Quelquefois, au lieu de mentionner le numéro d'ordre au répertoire, on mentionne le tome et la page du copie de lettres.

Les lettres reçues sont classées quelquefois en liasses, comme dit le code de commerce, d'après une ancienne coutume, quelquefois dans des cartons ou casiers en bois et quelquefois aussi dans des reliures mobiles. En tout cas, on les annote par un numéro d'ordre à l'arrivée, et, si elles sont placées en liasses, dans des cartons ou dans des casiers, elles sont classées sous la lettre de l'alphabet par laquelle commence le nom du signataire. Celles qu'on réunit dans une reliure mobile forment des registres semblables en tout à ceux du copie de lettres, et, dans tous les cas, le répertoire ou index des lettres reçues est tenu comme celui des lettres envoyées.

La plupart des factures, ordres donnés ou reçus, etc., se trouvent mentionnés par la correspondance, de telle sorte qu'avec des livres de correspondance tenus avec soin, on peut se passer des livres spéciaux pour les factures envoyées ou reçues, pour les ordres reçus ou donnés. Dans les maisons où, pour la commodité des écritures, on établit ces derniers livres, ils ne sont en réalité que des démembrements de la correspondance générale.

Après les livres de correspondance, les livres auxiliaires les plus importants et les plus généralement employés sont ceux destinés à constater les engagements actifs ou passifs par lettres de change et billets, les mouvements d'espèces et les mouvements de marchandises. Ce sont les seuls dont nous ayons à nous occuper.

Le *livre de portefeuille* reçoit la copie analytique des effets de commerce, lettres de change ou billets à ordre qui entrent au pouvoir d'un commerçant, de manière à fournir les indications nécessaires pour les recherches ou réclamations en cas de perte. Ce livre est folioté de telle manière que les deux pages placées en regard l'une de l'autre sont considérées comme une page ; il est ordinairement réglé sur seize ou dix-sept colonnes, dont chacune porte en tête l'indication de l'usage auquel elle est destinée. L'inscription de chaque effet occupe une ligne.

Toute description de ce livre serait compliquée et obscure, tandis qu'il est très-facile d'en comprendre la tenue et l'usage en le voyant. Essayons d'en présenter un modèle au lecteur.

Chaque effet de commerce, lettre ou billet, est marqué d'un numéro d'ordre au moment même où il est reçu, et ce numéro est inscrit sur le livre de portefeuille au commencement de la ligne destinée à l'analyse de l'effet. Voilà pourquoi les banquiers donnent souvent à ce livre le nom de *livre de numéros*.

Supposons que la maison à laquelle appartient le livre, établie à Paris, reçoit : 1° le 25 mai, de Pierre, d'Orléans, un règlement ou billet à ordre de 1 500 fr., payables par lui-même au 20 août ; 2° le 27 mai, une lettre de change de 2 500 fr. tirée par Jean, de Lyon, sur Paul, de Paris, au 1er septembre ; 3° le 29 mai, de Léon, de Bordeaux, une lettre de change de 1 200 fr., tirée par Albert, de Montpellier, sur Jacques, de Toulouse, à l'ordre de Joseph, de Bayonne, payable au 15 juin ; 4° le 31 mai, une lettre de change de 1 700 fr. tirée par la maison elle-même sur Charles, du Mans, payable au 31 août. Le 5 juin, la maison négocie à son banquier, Thomas, les effets payables hors Paris et encaisse au 1er septembre la lettre payable à Paris. Ces diverses transactions seront mentionnées brièvement en quatre lignes du livre de portefeuille.

N° D'ORDRE.	DATE D'ENTRÉE.		NATURE DES EFFETS.	CÉDANTS.	DEMEURE.	TIREURS OU SOUSCRIPTEURS.	DEMEURE.	DATE DES EFFETS.		ORDRES.
200	Mai 18.	25	billet	Pierre.	Orléans.	Pierre.	Orléans.	Mai 18..	25	Moi-m
201	—	27	lettre	Jean.	Lyon.	Jean.	Lyon.	—	25	—
202	—	29	—	Léon.	Bordeaux.	Albert	Montpellier.	Mars.	20	Joseph
203	—	31	—	Moi-m.	Paris.	Moi-m.	Paris.	Mai.	31	Moi-m.

A l'époque des inventaires, on recommence la série des numéros d'ordre et on inscrit à nouveau ceux des effets qui sont restés en portefeuille.

A mesure qu'on inscrit les effets sur le livre de portefeuille, on en relève l'échéance sur un livre appelé pour ce motif *carnet d'échéances*. Ce carnet est ordinairement un livret dont chaque page est affectée à l'inscription des effets qui échoient dans le même mois, ou dans la même quinzaine, ou le même jour. Si chaque page est affectée aux effets d'un mois, de la quinzaine ou d'une semaine, on inscrit d'abord le numéro de l'effet, quelquefois le nom du débiteur et son domicile, en tout cas la somme et la date de l'échéance. Si les effets sont assez nombreux pour qu'on affecte une page à chaque jour, on se contente d'inscrire le numéro et la somme.

Ainsi, dans une maison où le carnet sera tenu de telle sorte que chaque mois n'occupe qu'une page, on inscrira deux des effets que nous avons portés au livre de numéros de la manière suivante :

AOUT.

| 200 | B/ Pierre, Orléans. . . . . | 1 500 | » | 20 |
| 203 | L/ s/ Charles, au Mans. . . . . | 1 700 | | 31 |

Au moyen de ce livre, on peut sans peine relever les ressources que présente le portefeuille, en supposant qu'on laisse venir les effets à échéance. Ce carnet est utile aux maisons même qui sont dans l'usage de négocier leur portefeuille, en leur faisant connaître les remboursements auxquels elles sont exposées, en cas

ENDOSSEURS.	TIRÉS OU SOUSCRIPTEURS.	LIEUX DE PAYEMENT.	SOMMES.		ÉCHÉANCES.		CESSIONNAIRES.	DATE DE SORTIE.	SOMMES SORTIES.		
Moi-m.	Pierre.	Orléans.	1500	»	Août 18..	20	Thomas.	Juin 18..	5	1500	»
—	Paul.	Paris.	2500	»	Sept.	1er	Caisse.	Sept.	1er	2500	»
Joseph.	Jacques.	Toulouse	1200	»	Juin.	15	Thomas.	Juin.	5	1200	»
Moi-m.	Charles.	Le Mans.	1700	»	Août.	31	—	—	»	1700	»

de non-payement des effets. Toutefois ce livre est fréquemment négligé.

Il en est de même du *livre des effets à payer*, sur lequel on analyse les billets souscrits par la maison et les lettres de change acceptées par elle. Il est paginé et réglé sur sept colonnes, dont la première reçoit le numéro d'ordre, la seconde la date de la souscription ou de l'acceptation, la troisième indique la nature de l'effet, la quatrième le nom du bénéficiaire, la cinquième l'échéance, la sixième la somme, et la septième le payement.

On néglige moins fréquemment le *carnet d'échéances passives* ou d'*effets à payer*. Ce livre est tenu comme le carnet d'échéances actives. Il est destiné à rappeler à la maison de commerce qui l'emploie les payements qu'elle doit faire dans tel mois, telle quinzaine, telle semaine et tel jour.

Tels sont les livres, assez nombreux, que les praticiens emploient pour constater les mouvements des engagements actifs et passifs de la maison, par effets de commerce.

Les existences et mouvements d'espèces monnayées sont constatés sur un livre appelé *livre de caisse*. C'est habituellement un registre de petite ou de moyenne dimension, folioté, réglé sur chaque page par une colonne de dates à gauche et par une colonne de sommes à l'extrémité droite; l'espace blanc compris entre ces deux colonnes est affecté à l'indication de la provenance des sommes reçues et de la destination des sommes payées. Toutes les sommes reçues sont inscrites les unes à la suite des autres sur le demi-folio ou page de gauche et toutes les sommes payées sur le demi-folio ou page de droite.

Lorsqu'on veut connaître exactement la somme qui doit rester en caisse, on totalise, d'une part, les sommes reçues, d'autre part, les sommes payées, puis on relève la différence des deux totaux qui indique la somme restant en caisse. Si, après vérification, la somme que l'on possède n'est pas égale à la différence, il y a une erreur qu'il faut rechercher et corriger. Relever le total des sommes entrées, le total des sommes sorties, puis la différence ou solde des deux totaux et vérifier si la somme existant en caisse est égale à ce solde, c'est ce qu'on appelle *faire la caisse.* — Cette opération est effectuée tous les jours dans les maisons de banque et chez les commerçants qui ont un mouvement d'espèces considérable, et moins fréquemment, chaque semaine par exemple, dans les autres maisons.

Supposons que le 51 mai, la maison de commerce dont nous

tenons les livres, ayant en caisse 1 450 fr., ait fait cinq ventes au comptant de l'importance respective de francs 120, 70, 115^{fr},50,65^{fr},90^{fr},75 ; qu'elle ait fait recouvrer en deux factures fr. 350 et 460^{fr},25 ; en un billet, 1 500 fr., en une lettre de change 1 700 fr. Supposons que, le même jour, elle a payé une acceptation de 1 500 fr. et 4 000 fr. à ses employés. Son livre de caisse constatera ces opérations de la manière suivante :

18..					18..				
Mai.	31	En caisse.	1450	»	Mai.	31	Payé n/ acc/ n° . .	1500	»
		Vendu comptant. .	120	»			A n/ empl. s/ reçus.	4000	»
		Id.	70	»			Solde.	421	50
		Facture A.. . . .	350	»					
		Vendu comptant. .	115	50					
		Facture B.. . . .	460	25					
		Vendu comptant. .	65	»					
		Encaissé la l/ n°. .	1700	»					
		Vendu comptant. .	90	75					
		Encaissé le b/ n°. .	1500	»					
			5921	50				5921	50
Juin	1er	En caisse.	421	50					

Les maisons qui ont plusieurs caisses ont autant de caissiers et autant de livres. Elles font la caisse tous les jours et la somme des soldes inscrits sur les divers livres montre la somme d'espèces dont la maison dispose à la fin de la journée.

Les existences et mouvements de matières et de marchandises sont constatés par des *livres de magasin*, pour la tenue desquels chaque maison, pour ainsi dire, a sa méthode. La meilleure, à notre avis, consiste à diviser le livre de magasin en autant de tomes ou de livrets qu'il y a d'espèces de matières ou de marchandises dont on veuille constater les mouvements d'entrée et de sortie et à les tenir comme des livres de caisse. Ces livrets seraient donc foliotés ; la page gauche serait employée à l'inscription des entrées et la page droite à l'inscription des sorties

Ainsi un marchand de métaux aura reçu le 1er juin 100 saumons de cuivre pesant 5 000 kilogrammes, et le 2 juin 600 saumons pesant 31 000 kilogrammes. Il aura vendu et expédié le 3 juin 400 saumons pesant ensemble 20 500 kilogr. Ces opéra-

20 TRAITÉ ÉLÉMENTAIRE DE COMPTABILITÉ.

tions pourront être annotées sur le livre de magasin et il sera facile d'en relever le résultat, lorsqu'on le désirera, dans la forme suivante :

18.. Juin.			s	k	18.. Juin.			s	k
	1er	Cuivre....	100	5 000		3	Cuivre....	400	20 500
	2	»	600	31 000			Solde....	300	15 500
			700	36 000				700	36 000
	4	Existences...	300	15 500					

On peut aussi tenir le livre de magasin sur une seule page, en ayant soin de laisser des colonnes de quantités pour les entrées et d'autres colonnes pour les sorties, dans la forme suivante :

18.. Juin.						
	1er	Cuivre......	s. 100	k. 5 000		
	2	»	600	31 000		
	3	»			400	20 500

On fait le magasin, comme on fait la caisse, en vérifiant si les existences effectives sont conformes aux écritures. Mais cette opération, habituellement longue et coûteuse, n'est guère pratiquée qu'à l'époque des inventaires et même habituellement qu'une fois par an.

Les livrets affectés aux diverses marchandises peuvent être réunis en un ou deux registres de moyenne grandeur, un peu gros, dans lesquels on affecte à chaque marchandise un certain nombre de pages, désignées par un index ou par des onglets à la tranche.

Les grands établissements qui ont des matières et des marchandises de diverses sortes, confiées à la garde d'employés différents, préfèrent naturellement les livrets. Les maisons de commerce, opérant sur un petit nombre de marchandises confiées à un même garde-magasin, préfèrent avec non moins de raison le registre unique.

Venons maintenant aux livres sur lesquels sont consignées les écritures qui constituent, à parler proprement, la comptabilité.

Le premier, affecté aux écritures préparatoires, est la *main courante*, désignée quelquefois par les noms de *brouillard* ou de *mémorial*. C'est un registre de moyenne grandeur, sur lequel chaque opération est mentionnée, au moment même où elle est effectuée ou connue, sans blancs ni ratures d'aucune sorte, mais sans aucun ordre autre que celui qui résulte de la succession des temps. Ce registre est paginé.

Il y a plusieurs manières de régler et de tenir la main courante, comme il y a plusieurs arrangements généraux de comptes et de livres. Ainsi il y a des maisons qui ont et d'autres qui n'ont pas de livres de factures ou de livre d'effets à recevoir. Celles qui ont ces livres ne portent à la main courante ni le détail des factures, ni la description des effets entrés et sortis ; elles ont seulement sur ce livre une colonne verticale de référence, dans laquelle elles inscrivent le numéro de la facture ou de l'effet qui forment la matière de l'opération. Les maisons qui n'ont pas de livre de factures ou de livre d'effets à recevoir inscrivent tout au long sur la main courante le détail des factures et la description des effets, et n'ont pas besoin de la colonne de références dont nous venons de parler.

Comme la main courante est le point de départ et en quelque sorte la première rédaction du journal, elle porte toujours une colonne de référence affectée à l'inscription de la page du journal ou du numéro de l'article où chaque opération se trouve reportée au journal.

La réglure ordinaire de la main courante porte à gauche une ou deux colonnes de référence dont nous venons d'indiquer la destination. A droite de la page, se trouvent deux colonnes de caisse affectées, la première à l'inscription des chiffres relatifs au détail des opérations, la seconde aux chiffres qui expriment le résultat net, somme ou reste, de chaque opération. L'espace qui reste entre les colonnes de référence et les colonnes de caisse est destiné à l'inscription du libellé des opérations, de la rédaction des articles.

La date de chaque article est inscrite au milieu d'une ligne dont les deux extrémités sont remplies par des traits horizontaux dans la forme suivante :

—————————— Du 1er juillet 18.. ——————————

Chaque article se trouve ainsi nettement séparé et distinct de celui qui précède et de celui qui suit.

On n'inscrit le nom du mois et de l'année qu'au premier article du mois ou de l'année. Pour les suivants on se contente d'indiquer le chiffre du quantième ou d'inscrire un *idem*, s'ils sont de la même date que les précédents. — Quelques comptables inscrivent au premier article de chaque page l'indication du mois et de l'année, ce qui facilite les recherches.

Lorsque l'inscription d'un article est complète à la fin de la page, on fait suivre cette inscription d'un trait qui remplit la dernière ligne. Lorsque l'inscription de l'article doit se continuer sur la page suivante, on laisse la première ouverte, c'est-à-dire qu'on ne la ferme pas par un trait.

La rédaction des articles de main courante doit être simple, claire, concise et ne contenir rien d'inutile. Elle indique d'abord la nature de l'opération, puis la personne avec laquelle elle a été faite, puis le détail et le décompte.

La nature de l'opération est indiquée par un simple participe passé : *vendu, acheté, négocié*, selon qu'il s'agit d'une vente, d'un achat ou d'une négociation ; vendu, acheté ou négocié *pour*, s'il s'agit d'une opération faite pour compte d'autrui ; vendu, acheté ou négocié *par*, si l'opération a été faite par un tiers pour le compte de la maison. Puis vient l'indication de la personne avec laquelle l'opération a été faite et enfin le détail, les conditions et le décompte de l'opération.

Essayons d'éclaircir cette description par un exemple.

Le 1er juillet, un marchand de vins et eaux-de-vie a acheté de A, de Bordeaux, vingt pièces de vin coûtant ensemble 4 000 fr., payables à trois mois. Cette opération s'inscrira dans la forme suivante :

——————————— Du 1er juillet 18.. ———————————

Acheté d'A, de Bordeaux, 20 pièces de vin, à 3 mois, suivant facture n°.	4 000	»

Supposons que ces vingt pièces de vin arrivent le 7 juillet, et que la maison paye les frais de transport, les droits, etc., s'élevant en tout à 1 500 fr. On écrira à la main courante :

——————————— Du 7 juillet 18.. ———————————

Payé pour port et entrée des 20 pièces de vin de la facture n°.	1 500	»

Le 10 juillet, vente à D, de Versailles, de cinq pièces de vin à 325 fr. payables à quatre mois. On écrira :

——————— Du 10 juillet 18.. ———————

Vendu à D, de Versailles, 5 pièces de vin à fr. 325 et à 4 mois. . . . . | 1 625 | »

Le 20 juillet, D envoie, en règlement de sa facture, un billet payable le 10 novembre, de fr. 1 025, une lettre de change de fr. 500, tirée à son ordre par B, de Rouen, sur E, de Paris, payable le 10 décembre et dûment endossée par lui, et fr. 100 espèces. On écrira :

——————— Du 20 juillet 18.. ———————

Reçu de D, de Versailles, savoir :
Son billet au 10 novembre. . . . . fr. 1 025 ⎫
Une l/ sur E, de Paris, 10 décembre. . . . . . 500 ⎬ 1 625 | »
Espèces. . . . . 100 ⎭

Le même jour, on règle la facture de A par l'envoi d'une lettre de change de fr. 3 000, payable à Bordeaux le 1er septembre, et par un envoi d'espèces. Comme la facture était escomptable à raison de 6 p. 0/0 par an, on déduit un mois d'escompte sur la lettre de fr. 3 000 et soixante-dix jours sur l'envoi d'espèces, soit en tout, fr. 27,50. On envoie donc fr. 972,50 et on écrit :

——————— Id.   Id. ———————

Payé à A, de Bordeaux, fr. 4 000, savoir :
Remise de la l/ n°.. . . . . fr. 3 000 » ⎫
Espèces. 972 50 ⎬ 4 000 | »
Escompte. . . . . 27 50 ⎭

Le 25 juillet, on escompte chez F, banquier, le billet et la lettre remis, le 20, par D. On reçoit en espèces fr. 1 494,80 et on écrit :

——————— Du 25 juillet 18.. ———————

Négocié chez F, banquier, la lettre n°... et le
billet n°..., ayant produit net. . . . . fr. 1 494 80 ⎫
Escompte et frais.. . . . . 30 20 ⎬ 1 525 | »

A cette date, les opérations que nous venons de mentionner se présenteront à la main courante sous l'aspect suivant :

Du 1er juillet 18..					
Acheté d'A, de Bordeaux, 20 pièces vin rouge à 3 mois, suiv/ facture n°.. . .				4 000	»
Du 7 id.					
Payé pour port et entrée des 20 pièces de la facture n°..				1 500	»
Du 10 id.					
Vendu à D, de Versailles, 5 pièces de vin à 525 fr. et à 4 mois.				1 625	»
Du 20 id.					
Reçu de D, de Versailles, savoir :					
S/ b/ au 10 novembre, fr.	1 025	»			
Une l/ sur E, de Paris, au 10 décem re.	500	»			
Espèces..	100	»	1 625		»
Id. id.					
Payé à A, de Bordeaux, savoir :					
Remise de la lettre n°..	3 000	»			
Espèces..	972	50			
Escompte.	27	50	4 000		»
Du 25 id.					
Négocié chez F, banquier, la lettre n°... et le b/ n°... Espèces.	1 494	80			
Escompte.	30	20	1 525		»

La main courante contient, comme on le voit au premier coup d'œil, une histoire simple et détaillée des opérations de la maison qui s'en sert, sans autre ordre d'inscription que l'ordre de succession, de telle sorte que les opérations de toute espèce et avec toutes personnes s'y trouvent mêlées et confondues en quelque sorte, sans indication précise pour la personne chargée de les reporter sur les livres qui constituent la comptabilité proprement dite. Un certain nombre de maisons tiennent leur main courante dans une autre forme et en rédigent les articles comme ceux d'un journal, afin de fournir une indication apparente à celui qui tient ce dernier livre. Un certain nombre de ces maisons n'ont pas d'autre journal que la main courante ; les autres n'ont un journal que pour y relever les articles en sommes par semaine ou même par mois, de telle sorte que la main courante leur sert pour toutes les recherches et vérifications que le mouvement des affaires amène chaque jour.

En tout cas, et quelle que soit la forme de la rédaction des articles, il est évident que la main courante étant le point de départ de toute la comptabilité, est, de tous les livres de commerce, celui dont la tenue à jour est le plus indispensablement nécessaire et ne peut être négligée un seul jour sans péril. C'est aussi celui dont il importe le plus que la rédaction soit claire.

Les maisons, en trop grand nombre, qui n'ont pas une comptabilité régulière, conforme aux prescriptions du code de commerce, ont cependant une main courante, sur laquelle, si elle est bien tenue, il est facile d'établir des livres en forme, qui sont : un journal et un grand-livre.

Le *journal*, comme son nom l'indique, est destiné à l'inscription des opérations par jour, dans leur ordre de succession, toutes à la suite les unes des autres, sans autre distinction que celle qui résulte de la rédaction même de chaque article.

Le journal est réglé comme la main courante, mais sa rédaction diffère de celle que nous venons d'indiquer en ceci : que toutes les opérations y sont ramenées à la forme invariable de *dettes* ou de *créances*, c'est-à-dire à leur résultat dernier. Ainsi l'achat de vingt pièces de vin, au prix de 4 000 fr., constitue, pour la maison qui l'a fait, une dette de 4 000 fr. envers le vendeur, et c'est ainsi qu'elle est inscrite au journal. Le payement de ces 4 000 fr. constitue une créance de celui qui les fournit sur celui qui les reçoit, et c'est en cette forme qu'il est inscrit au journal.

Les gens peu familiarisés avec les formes commerciales admettent bien que l'achat à terme de 4 000 fr. de marchandises constitue une dette de 4 000 fr. ; mais il leur répugne de considérer le payement des 4 000 fr. comme une créance de celui qui paye sur celui qui reçoit. Cependant il est clair que, si celui-ci n'avait pas fourni 4 000 fr. auparavant, il les devrait pour les avoir reçus, et l'opération faite quand il a vendu la marchandise ne saurait altérer le caractère de celle par laquelle on le paye. Tout payement est, en réalité, une créance qui *compense* une créance antérieure, et toute la suite des opérations commerciales constitue une suite de créances destinées à se compenser incessamment.

On écrira donc au journal l'opération que nous avons inscrite à la main courante à la date du 1er juillet dans la forme suivante :

———————————— Du 1er juillet 18.. ————————————

Avoir A, de Bordeaux, fr. 4 000 pour vente de 20 pièces de vin, facture n°. . . . . | 4 000 | »

Le mot *avoir* placé en tête de l'article est un terme convenu pour indiquer une créance de la personne désignée dans l'article contre la maison à laquelle le livre appartient. La créance en faveur de la maison et contre la personne désignée dans l'article est indiquée par le terme *doit*. Ainsi, lorsque, le 20 juillet, la maison paye A, on écrit au journal :

———————————— Du 20 juillet 18.. ————————————

Doit A, de Bordeaux, fr. 4 000, savoir :
  Remise de la l/ n°.. . . . . fr. 3 000 »)
  Espèces. . . . .   972, 50 } 4 000 | »
  Escompte.. . . . .   27, 50)

Les comptables distinguent sans peine la personne qui est créancière de celle qui est débitrice par une règle uniforme, invariable et sans exception, qui se formule dans les mots suivants : « *Qui reçoit* doit; *qui fournit ou paye* a. » En d'autres termes, celui qui reçoit une marchandise, valeur, titre ou créance quelconque en est débiteur, tandis que celui qui la fournit en est créancier.

Toutes les opérations d'une entreprise ou maison de commerce quelconque doivent être inscrites sur son journal. Elles doivent aussi être toutes inscrites au *grand-livre*, mais dans un ordre un peu différent et sous une autre forme.

Le grand-livre est une copie du journal dans laquelle les articles, au lieu d'être inscrits pêle-mêle et simplement dans l'ordre chronologique, sont classés par personnes ou *comptes*, de manière à faciliter les recherches et à indiquer la situation de l'entreprise envers les diverses personnes avec lesquelles elle a fait des opérations.

Le grand-livre est réglé sur deux pages placées en face l'une de l'autre et formant un folio, ou sur une page partagée au milieu par une grosse ligne verticale. Chaque page, dans le premier cas, et chaque demi-page, dans le second, est réglée par une colonne de caisse à droite, précédée d'une colonne de références pour l'inscription du numéro de l'article ou de la page du journal. A l'extrémité gauche se trouve une colonne de dates ; l'espace qui s'étend entre cette colonne et celle de références est affecté au libellé des articles. Le nom de chaque personne ayant un compte est écrit en grosses lettres au milieu de la page ou du folio, au sommet desquels sont inscrits habituellement les mots *doit* à gauche et *avoir* à droite. Tous les articles qui constituent l'ayant-compte débiteur sont inscrits à gauche et tous ceux qui le constituent créancier sont inscrits à droite.

Ainsi, en supposant que l'achat de 20 pièces de vin dont nous avons parlé se trouve mentionné à la première page du journal et le payement à la page 5, les deux articles seront portés au grand livre dans la forme suivante :

Doit.			M. A, *négociant à Bordeaux.*						Avoir.		
18.. Juillet	20	Notre règlement.	5	4000	»	18.. Juillet	1ᵉʳ	Ach/ de 20 p/ vin.	1	4000	»

En cet état, le compte sera soldé ou balancé, c'est-à-dire qu'une créance compensera l'autre exactement. Il en serait autrement si on n'avait remis à A que la lettre de 5000 fr., puisqu'il y aurait 4000 fr. à son crédit et 5000 fr. seulement à son débit ; si on relevait sa situation au grand-livre, on dirait qu'il a un solde créditeur de 1000 fr.

Ouvrir un compte à quelqu'un, c'est inscrire à part et sous le nom de ce quelqu'un, au journal, les articles qui le concernent et en faire, au grand-livre, l'objet d'un compte spécial.

On peut mentionner les opérations faites avec une personne sans lui ouvrir un compte particulier. C'est ce qui arrive lorsqu'on inscrit les opérations faites en passant avec un certain nombre de personnes à un seul compte collectif que l'on intitule *Divers.* On achète, par exemple, un mobilier de bureau qui n'est pas payé comptant; on ne veut pas ouvrir un compte au marchand de meubles, avec lequel il est probable qu'on ne fera aucune autre opération. On pourra écrire :

―――――――――――― **Du 1er juillet 18..** ――――――――――

Avoir Divers, pour mobilier de bureau ach. à **M. X**, march/
de meubles.. . . . . | 1 500 |

Pour faciliter les recherches que l'on a besoin de faire chaque jour, on dresse une table alphabétique des comptes ouverts au grand-livre, avec l'indication du folio ou de la page où chaque compte se trouve inscrit. Cette sorte d'index ou de table des matières s'écrit ordinairement sur un registre de grandeur moyenne et d'un petit nombre de pages, que l'on appelle *répertoire*. Chaque lettre de l'alphabet y occupe une ou plusieurs pages et ressort à la tranche au moyen d'un onglet.

Les recherches sont faciles et promptes dans des livres bien tenus. Veut-on connaître l'état d'un compte ou chercher un détail relatif à quelque article de ce compte, on ouvre le répertoire à la page destinée à la lettre initiale du compte et l'on trouve la page du grand-livre où il est inscrit. S'il s'agit de l'état du compte, on le constate par deux additions et une soustraction. S'il s'agit de connaître les détails de tel ou tel article, on voit à la colonne des références la page du journal où cet article est inscrit, et si le journal ne contient pas assez de détails, on y trouve, à la colonne des références, la page de la main courante où on doit les rencontrer ; ou, s'il s'agit d'une facture, on trouve dans la rédaction même de l'article le numéro qu'elle porte.

TENUE DES LIVRES

—

Pour comprendre et discuter utilement une comptabilité, il est indispensable de connaître les principes de la tenue des livres, sur lesquels cette comptabilité doit être établie.

On dit habituellement qu'il y a trois manières de tenir les livres de commerce, savoir : 1° en partie simple; — 2° en partie mixte; — 3° en partie double. Dans ces locutions très-anciennes, on prend le mot « partie » dans le sens de « compte » qu'il avait autrefois, de sorte que c'est comme si l'on disait: « On peut tenir les livres de commerce en compte simple, en compte mixte et en compte double. »

Nous allons, par un examen rapide, comprendre les motifs et le sens de ces locutions.

Rappelons d'abord que, quelle que soit la manière de tenir les comptes, on se sert, pour les inscrire, du journal, du grand-livre et de son répertoire, tels que nous les avons décrits. En d'autres termes, on inscrit les opérations par ordre chronologique sur le journal et par ordre méthodique ou de comptes sur le grand-livre.

I. — Partie simple.

Ceux qui tiennent les livres en partie simple ouvrent un compte au grand-livre aux individus que les opérations de la maison constituent créanciers ou débiteurs et à ces individus seulement.

Les opérations qui ont pour effet de constituer des créances actives et passives sont, par conséquent, les seules inscrites au journal.

La forme de cette inscription est invariable. L'article qui constate une opération par laquelle un individu devient débiteur de la maison est précédé du mot *doit* et l'article qui constate une opération par laquelle un individu devient créancier est précédé du mot *avoir*.

Supposons que, le 3 janvier, la maison **A**, dont nous tenons les livres, ait vendu à B pour 1 500 fr. de marchandises, payables à six mois. — Le 6 janvier, elle a acheté à D pour 10 000 fr. de marchandises, payables à quatre mois. — Le 15 janvier, elle a réglé les 10 000 fr. qu'elle devait par la remise d'effets à échéances diverses et de 2 000 fr espèces. — Le 20, elle a reçu de B 1 150 fr. en effets à échéances diverses, 300 fr. espèces et consenti 50 fr. de rabais ou d'escompte. — Ces opérations s'inscriront au journal à peu près dans la forme suivante :

—————— Du 3 janvier 18.. ——————

Doit B, de ..., fr. 1500 pour n/ facture de ce jour..   1 500   »

—————— Du 6 id. ——————

Avoir D, de ..., fr. 10000, pour sa facture du..., n°..   10 000   »

—————— Du 15 id. ——————

Doit D, de ..., fr. 10 000, savoir :

Remise des effets n°. . . . . fr. 8 000   ⎱
Espèces. . . . . 2 000   ⎰   10 000   »

—————— Du 20 id. ——————

Avoir B, de ..., fr. 1 500, savoir :

Remise des effets n°.. . . . . 1 150   ⎱
Espèces.   300   ⎱   1 500   »
Rabais et escompte.   50   ⎰

La forme dans laquelle chaque article doit être reporté au grand-livre se trouve indiquée par le journal : ceux qui sont précédés du mot *doit* vont s'inscrire au débit du compte auquel ils se rapportent, et ceux qui sont précédés du mot *avoir*, à son crédit.

On remarquera sans doute que, dans cette tenue des livres et dans toute autre, chaque opération est considérée isolément en quelque sorte; que celui qui paye ce qu'il doit est considéré comme créancier de la somme payée, comme de l'escompte ou rabais qui lui a été accordé, bien qu'il ne soit pas créancier dans le sens vulgaire de ce mot. Mais comme tout compte est une compensation de dettes et de créances et est établi sur ce principe que toute dette doit être payée, il n'y a pas de manière plus simple de constater les faits que de considérer comme dettes les sommes reçues par le titulaire du compte à quelque titre que ce soit et comme créances les valeurs fournies par lui à quelque titre que ce soit.

Lorsqu'on veut faire inventaire pour reconnaître la situation de la maison, le relevé des comptes inscrits au grand-livre donne bien l'état général de ses dettes et de ses créances, ce qui suffit pour satisfaire un grand nombre de personnes.

Il faut cependant observer que cette manière de tenir les livres ne fournit qu'un des éléments de la situation de la maison. Elle ne constate ni le point de départ des opérations, ni les transformations de capitaux, ni le détail des frais généraux, des profits et des pertes. Elle ne rend compte par conséquent ni des ventes, ni des achats au comptant, ni de la somme d'espèces ou de marchandises que la maison possède, ni des prélèvements et payements de toute sorte qui peuvent être faits pour frais généraux ou à tout autre titre. Il est vrai qu'à l'inventaire, le livre de caisse, le livre d'effets et le livre de magasin peuvent indiquer la somme des existences en effets, espèces et marchandises; mais les données inscrites sur ces livres n'ont point de contrôle : elles ne sont pas liées entre elles par un système d'écritures qui permette des vérifications, de telle sorte que les erreurs, toujours possibles, ne peuvent être découvertes que par hasard, tardivement ou jamais.

La tenue des livres en partie simple ne peut donner au chef de la maison aucun renseignement utile à la conduite générale de ses affaires. Elle ne lui présente que des recueils de notes où il peut trouver la situation du compte de chacune des personnes avec lesquelles il est en relation d'affaires, et, en fin d'exercice, quelques moyens de reconnaître approximativement le résultat que présente l'ensemble des opérations faites. En cours d'exercice, il ne peut demander aucun conseil à ses livres et, à l'inventaire, il n'est jamais assuré que de grosses erreurs n'ont pas été commises et que son bilan est bien exact.

II. — Partie mixte.

Lorsqu'on a compris les lacunes de la tenue des livres en partie simple, on a imaginé la partie mixte pour approcher davantage de la connaissance exacte des faits. On a désiré, par exemple, constater les mouvements d'entrée et de sortie de la caisse et du portefeuille, et on a vu qu'il suffisait pour cela d'ouvrir deux comptes, dont l'un, appelé *Caisse*, serait débité de toutes les sommes reçues par la maison, et crédité de toutes les sommes payées par elle; tandis que l'autre, appelé *Portefeuille*, serait débité de tous les effets de commerce reçus par la maison et crédité de tous ceux qui seraient négociés ou recouvrés par elle.

L'ouverture de ces deux comptes permet de constater des opérations qui ne sont pas relevées par les écritures en partie simple, comme les achats et ventes au comptant; mais elle ne constate pas toutes les opérations et surtout elle ne les rattache pas, sans interruption ni lacune, à un point de départ et à un point d'arrivée, de manière à fournir, soit au chef d'entreprise, soit aux tiers auxquels il voudrait faire part de l'état de ses affaires, soit aux tribunaux, une histoire complète des opérations et un état de situation exact toujours facile à constater.

D'ailleurs, dans la partie mixte comme dans la partie simple, les écritures ne se contrôlent point par elles-mêmes, de telle sorte que les erreurs et les lacunes y sont faciles, parce qu'il n'existe aucun moyen direct de les découvrir. Aussi la partie mixte, bien qu'elle donne un peu plus de travail que la partie simple, n'est pas en réalité plus avantageuse : l'une et l'autre ne fournissent que des recueils de notes plus ou moins bien et exactement tenus, mais non une comptabilité sérieuse et digne de ce nom.

III. — Partie double.

§ 1er. — PRINCIPES GÉNÉRAUX.

La tenue des livres en partie double est la seule qui permette l'établissement d'une comptabilité régulière et complète. Elle mentionne d'abord le point de départ, le capital de la maison, et constate jour par jour les transformations qu'il subit sans passer aux mains d'aucun tiers, les créances et les dettes, enfin les gains ou les pertes qui l'augmentent ou le diminuent. Ainsi cette manière de tenir les livres permet, non-seulement de constater le résultat général des opérations faites entre deux inventaires, mais encore de suivre, d'étudier et de contrôler jour par jour le détail de ces opérations.

Le principe sur lequel repose la partie double est celui-ci : « Que tout capital d'industrie est *confié*, à la charge de pouvoir à tout instant en rendre compte. » Or, quand un capital est confié, il est *dû à quelqu'un par quelqu'un* et doit nécessairement figurer à deux comptes, dont l'un est créancier, l'autre débiteur. Comme l'existence de toute dette suppose celle d'une créance exactement égale, la somme de tous les articles du débit est toujours précisément égale à la somme de tous les articles du crédit et si l'on solde tous les comptes, la somme des soldes créditeurs doit se trouver égale à celle des soldes débiteurs.

On voit par là pourquoi cette manière de tenir les livres a été désignée sous le nom de *partie double*. En effet, tout article y est inscrit à deux comptes, l'un créancier, l'autre débiteur. Il résulte de l'égalité nécessaire des articles créditeurs et des articles débiteurs, des soldes créditeurs et des soldes débiteurs, un moyen de vérification et de contrôle qu'on ne trouve ni dans la partie simple, ni dans la partie mixte. En effet, si, en relevant la somme des articles ou la somme des soldes créditeurs et débiteurs, le teneur de livres ne trouve pas deux chiffres égaux, il sait qu'il a commis une erreur, soit en passant ses écritures, soit en en constatant le résultat, et il la cherche jusqu'à ce qu'il l'ait découverte. Si, au contraire, la somme des articles et la somme des soldes ressortent égales au crédit et au débit, après les nombreux mouvements de chiffres qui ont eu lieu, il peut considérer ses écritures comme correctes et bien vérifiées.

Dans ce système, la maison de commerce est représentée, non par son nom, mais par un compte appelé ordinairement *Capital*. Tout ce que la maison possède est nécessairement marchandises, effets de commerce, créances directes ou monnaie. On peut ouvrir un compte à une personne morale appelée Marchandises, à laquelle le compte Capital confie toute la partie de l'actif qui consiste en marchandises; une personne morale appelée Portefeuille sera chargée de la garde des effets à recevoir; une autre, appelée Caisse, sera chargée des espèces. Quant aux débiteurs proprement dits, ils seront désignés par leurs noms en tête des comptes qui les concernent. Pour établir l'actif de la maison, on supposera que le compte Capital en est créancier et que les autres comptes que nous venons d'indiquer en sont débiteurs, chacun pour la partie qui le concerne.

Les dettes effectives de la maison seront constatées de la même manière. On ouvrira un compte à chacun des créanciers connus et on supposera que Capital leur doit la somme due par la maison. Les sommes dues par billets à ordre ou lettres acceptées seront inscrites au crédit d'un compte appelé d'ordinaire Effets à payer et au débit de Capital.

Dans ce système d'écritures, on peut observer que le passif de la maison de commerce est inscrit à l'actif des comptes, tandis que l'actif de la maison de commerce est inscrit au passif des comptes. Ainsi les marchandises, les espèces, les effets à recevoir, les créances figurent au débit des divers comptes, tandis que les dettes, soit envers des personnes déterminées, soit envers les porteurs d'engagements, figurent à l'actif des mêmes comptes. Mais comme, dans les écritures, le débit et le crédit sont toujours égaux, on ne cherche pas l'état de la maison dans l'ensemble des écritures, mais seulement dans la situation du compte Capital, dont le solde, toujours créditeur, hors le cas de faillite, exprime la somme que l'entreprise doit à son propriétaire et qu'il a, comme on dit, mise dans les affaires.

Il est d'usage de n'inscrire aucun article au compte Capital entre deux inventaires, à moins qu'il ne s'agisse d'une somme nouvelle, prise en dehors de l'entreprise et mise dans les affaires, comme une somme provenant d'une succession. Les gains et les pertes constatés, soit dans le courant des opérations, soit au moment de l'inventaire, sont portés à un compte particulier qu'on appelle habituellement Profits et Pertes et dont le solde présente, en fin d'exercice, le résultat liquide des opérations.

D'après ces données, on peut distinguer dans la partie double trois espèces de comptes :

1° Comptes du propriétaire ou des propriétaires de la maison. Il y en a deux, dont l'un, intitulé Capital, mentionne le point de départ de la maison au commencement de l'exercice, l'importance et la composition du capital engagé dans les affaires, tandis que l'autre, appelé Profits et Pertes, constate les gains et les pertes survenus pendant l'exercice;

2° Comptes des objets de commerce personnifiés, tels que les comptes Marchandises, Portefeuille et Caisse, qui expriment un actif, et le compte Effets à payer, qui indique les dettes dont on ne connaît pas personnellement les créanciers;

3° Comptes des correspondants désignés par le nom des personnes auxquelles la maison emprunte ou fournit positivement des capitaux.

Une fois que les divers objets et créances actives ou passives dont l'ensemble constitue le capital de la maison ont été attribués aux comptes auxquels ils appartiennent, ils ne peuvent se transformer sans passer d'un compte à un autre, ni être confiés à quelqu'un ou rendus par quelqu'un sans qu'il en soit fait mention au compte de la personne qui reçoit ou paye, ni être perdus ou augmentés sans figurer au compte chargé de constater les pertes et les gains.

On gagne ordinairement de deux manières, savoir : par la perception d'intérêts ou commissions et par la vente de marchandises à un prix supérieur au prix de revient. On diminue son capital par les dépenses que l'on fait, par les pertes résultant des faillites de ceux auxquels on a prêté ou vendu à terme, ou parce que les marchandises que l'on possède ont éprouvé une moins-value. Ainsi, il y a des gains et des pertes appréciables à l'instant même : ce sont, d'une part, les intérêts et commissions; d'autre part, les frais et les faillites. Il y a des gains et des pertes qui ne peuvent être appréciées qu'en fin exercice, par un examen de situation, par un inventaire : ce sont les plus-values et moins-values des marchandises que l'on possède. Les gains ou pertes résultant de la différence des prix d'achat et des prix de vente des marchandises sont constatés à volonté au moment de la vente ou à l'inventaire. Il est plus commode de ne les constater qu'en fin d'exercice, et c'est ainsi que procèdent la plupart des petites et moyennes maisons.

§ 2. — RÉGLURE ET RÉDACTION DES LIVRES.

Le journal en partie double est tenu par pages, avec une ou deux colonnes de référence à gauche et deux colonnes de Caisse à l'encre à l'extrémité droite de la page. Les dates sont inscrites au milieu de la page, et les articles séparés par des lignes à l'encre, comme dans le journal en partie simple.

Comme chaque article occupe au moins deux lignes du journal, une colonne de référence suffit pour indiquer les pages du grand-livre où cet article se trouve rapporté; le premier chiffre, indiquant la page où se trouve le compte débiteur, est placé sur la première ligne; on inscrit sur la seconde le chiffre qui indique la page où figure le compte créditeur. La seconde colonne de référence est destinée à recevoir le chiffre indiquant la page de la main courante ou du livre de factures où l'on peut retrouver, au besoin, les détails de l'article. — Dans la plupart des maisons, en effet, les totaux sont seuls inscrits au journal et au grand-livre; le détail de chaque opération est porté à la main courante, ou, s'il s'agit de factures ou bordereaux, au livre spécial affecté aux bordereaux ou factures.

Le journal étant un résumé, il est admis en coutume qu'il totalise en un seul article, autant que faire se peut, toutes les opérations qui constituent un même compte débiteur, comme aussi toutes celles qui constituent un même compte créditeur. Ainsi, chez un marchand au détail, vingt, cinquante, cent ventes au comptant, faites en un jour, seront totalisées et la Caisse sera débitée de leur somme en un seul chiffre, et vingt achats au comptant, totalisés de la même manière, donneraient lieu à l'inscription de leur somme au crédit de la Caisse. — Quelques teneurs de livres, et surtout ceux des grandes administrations, n'inscrivent jamais par jour plus d'un article débiteur et plus d'un article créditeur pour le même compte.

Il y a des maisons où les opérations sont peu nombreuses ou très-détaillées, qui résument, pour chaque compte, en un seul article créditeur ou en un seul article débiteur, toutes les opérations d'une semaine, d'une quinzaine ou d'un mois. La rédaction du journal n'est, pour elles comme pour les grandes administrations, qu'un moyen de contrôle et de vérification des écritures portées aux livres auxiliaires.

La rédaction des articles d'un journal en partie double est concise et se distingue par une invariable uniformité. Elle commence par l'indication du compte débiteur, et, sous-entendant le mot *doit*, inscrit la préposition *à*, suivie de l'indication du compte créditeur : puis vient la mention de l'opération, et enfin le chiffre auquel elle s'élève. Ainsi la mention d'une vente au comptant de 1 000 fr., qui constate la transformation de 1 000 fr. de marchandises en espèces, sera inscrite dans la forme suivante : « Caisse à Marchandises, vente au comptant, 1 000 fr. »

Lorsqu'il n'y a qu'un débiteur et plusieurs créanciers, on commence ordinairement par le compte unique et l'on écrit : « *Tel* Compte *aux* Suivants, » s'il est débiteur ; « Les Suivants *à tel*, » s'il est créancier. Ensuite vient l'énumération des autres comptes et l'indication de la somme qui est due à chacun d'eux ou que doit chacun d'eux. — Quand le compte unique est créancier, la formule : « *Les Suivants à* tel » laisse la première place aux débiteurs.

Les teneurs de livres qui n'admettent par jour qu'un seul article débiteur et qu'un seul article créancier pour chaque compte, commencent invariablement leur rédaction par les mots : « Les Suivants aux Suivants, savoir : » ; puis vient l'énumération des comptes débiteurs avec indication de la somme due par chacun d'eux, après quoi le total de toutes ces sommes est inscrit dans la première colonne de Caisse. Ensuite vient l'énumération des comptes créanciers et l'énoncé de la somme due par chacun d'eux ; le total de ces sommes, nécessairement égal à celui des sommes dues, est inscrit à la seconde colonne de Caisse. — Si l'on additionne à la fin de la page les sommes du débit inscrites à la première colonne de Caisse et les sommes du crédit inscrites à la seconde, les totaux des deux additions doivent donner la même somme. Si ces additions sont reportées d'une page à la suivante jusqu'à la fin de l'exercice, elles doivent donner deux totaux égaux l'un à l'autre, égaux aussi au total des sommes inscrites au grand-livre, tant au débit qu'au crédit de tous les comptes.

Au grand-livre, les comptes, quels qu'ils soient, étant considérés comme des personnes, sont désignés par leur nom inscrit au milieu de la ligne entre les colonnes verticales du débit et du crédit, en grosses lettres et souvent d'une écriture autre que celle du corps des articles. Un même compte n'a ordinairement par jour qu'un seul article tant au crédit qu'au débit. La rédaction est uniforme : au débit, on inscrit : « *A* tel compte » ou « *A* plusieurs comptes, » et on sous-entend *doit;* au crédit, on écrit : « *Par* tel compte » ou « *Par* plusieurs comptes, » et on sous-entend *avoir.* — Deux colonnes de référence, placées à gauche de la colonne de Caisse, sont destinées, l'une à l'inscription de la page du journal d'où l'article est tiré, l'autre à l'inscription de la page du grand-livre où se trouve le compte créditeur s'il s'agit d'un article de débit, et le compte débiteur s'il s'agit d'un article de crédit. Ces colonnes sont inutiles à ceux qui n'admettent pour chaque compte qu'un seul article par jour au journal, tant au crédit qu'au débit.

Reste à reconnaître quel compte doit être débité et quel compte doit être crédité à la suite d'une opération donnée. Les comptables se dirigent à cet égard par une règle simple, invariable et sans exception, qui est la loi de la partie double :

« *Qui reçoit*, DOIT; *qui fournit ou paye*, A. »

§ 3. — EXEMPLES AVEC SIX COMPTES GÉNÉRAUX.

Essayons d'éclaircir, par des exemples, les principes que nous venons d'exposer; mais remarquons d'abord que le compte Capital et les comptes personnels n'ont rien d'arbitraire, tandis que les comptes qui personnifient les objets de commerce et ceux qui constatent les gains et les pertes peuvent être plus ou moins nombreux, selon la volonté de celui qui les établit.

Supposons que K veuille fonder une maison de commerce et y établir une comptabilité très-simple, qui, en dehors des comptes personnels, n'aura que six comptes, que nous appellerons : *Capital, Caisse, Marchandises, Portefeuille, Effets à payer et Profits et Pertes.*

K possède 2 000 fr. de rente 3 %, un terrain évalué à 10 000 fr., des billets ou des lettres de change pour 50 000 fr. et 1 000 fr. espèces; il a 25 000 fr. en marchandises diverses, et chez D, son banquier, 15 000 fr. en compte courant. Il doit, par lettres de change acceptées, 6 000 fr. et en compte courant 5 000 fr. à B, marchand en gros.

Nous ne porterons en compte ni le mobilier, ni les effets personnels de K, parce qu'il n'est pas nécessaire de confondre ses comptes et dépenses personnelles avec les comptes et dépenses de la maison de commerce.

Voyons comment devront être ouverts les livres de celle-ci.

Cette maison sera représentée sur les livres par le compte Capital, qui devra être crédité de toutes les sommes que K apporte et débité toutes les sommes que K doit payer. Il s'agit donc seulement de chercher comment seront répartis entre les divers comptes l'actif et le passif.

Appliquant les règles que nous venons d'exposer, nous écrirons :

—————————————— 1ᵉʳ janvier 18₊₊ ——————————————

Les Suivants à Capital, fr. 147 667, savoir :

MARCHANDISES, 2.000 fr. rente 3 %, à 70. fr. 46 667 ⎫
      Terrain, rue ..., n°. . . .   10 000 ⎬ 81 667 ⎫
      Marchandises diverses. . .   25 000 ⎭   ⎬ 147 667
CAISSE, espèces.. . . . . 1 000 ⎪
D, banquier à ..., en c/ c/. . . . . 15 000 ⎪
PORTEFEUILLE, effets n° . . . . 50 000 ⎭

—————————————— Id.   Id. ——————————————

CAPITAL aux suivants, fr. 11 000, savoir :

A EFFETS A PAYER, acceptations.. . . . . fr. 6 000 ⎫ 11 000
A B, marchand à ..., en compte. . . . . 5 000 ⎭

Essayons les procédés de vérification que nous avons indiqués sur ces premières écritures et supposons qu'elles sont transportées au grand-livre dans la forme suivante :

Doit.

					CAPI-	
Janvier 18..	1er	A plusieurs Comptes.	11 000	»		
					MARCHAN-	
Janvier 18..	1er	A Capital.	81 667	»		
					CAIS-	
Janvier 18..	1er	A Capital.	1 000	»		
					D, ban-	
Janvier 18..	1er	A Capital.	15 000	»		
					PORTE-	
Janvier 18..	1er	A Capital.	50 000	»		
					EFFETS	
					B, mar-	

On peut voir, à la seule inspection de ces chiffres, que, si l'on additionne ensemble les sommes inscrites au débit des divers articles d'une part, et, d'autre part, celles inscrites au crédit, on trouve également pour total 158 667 fr., et que, si on solde les divers comptes, on trouve la même somme de soldes, 147 667 fr., au crédit et au débit.

Ces premières écritures nous font connaître le capital primitif, le point de départ de la maison K. Il s'agit maintenant d'en suivre les transformations et les mouvements, comme aussi les transformations et mouvements des capitaux dont elle pourra être temporairement chargée et de constater en fin d'exercice le résultat liquide, gain ou perte, des opérations qu'elle aura faites.

Nous ne prendrons point nos exemples dans un commerce déterminé, ni dans une suite d'opérations simulées qui exigeraient beaucoup de détails et de nombreuses répétitions. Nous croyons préférable, pour plus de clarté, de raisonner chaque genre d'opérations en prenant des exemples simples, en chiffres ronds.

On peut distinguer des opérations de quatre espèces, savoir :

Avoir.

TAL.

| | Janvier 18.. | 1er | Par plusieurs Comptes. . . . . . | 147 667 | » |

DISES.

| | | | | |

SE.

| | | | | |

quier à...

| | | | | |

FEUILLE.

| | | | | |

A PAYER.

| | Janvier 18.. | 1er | Par Capital. . . . . | 6 000 | » |

chand à...

| | Janvier 18.. | 1er | Par Capital. . . . . | 5 000 | » |

1° celles qui constituent une transformation de capitaux ; 2° celles qui constituent prêt ou emprunt ; 3° les opérations de liquidation qui éteignent les dettes et les créances ; 4° les frais, escomptes, commissions, gains et pertes de toute sorte. Cherchons de quelle manière la partie double constate ces diverses sortes d'opérations.

1° *Transformations de capitaux.* — Dans une tenue de livres aussi simple que celle qui nous servira d'exemple et dans le commerce proprement dit, il n'y a de transformation effective de capitaux que dans les achats et ventes au comptant. — K vend au comptant pour 15 000 fr. de marchandises. Ce capital, qui existait en ses mains sous une forme, existe toujours en ses mains, mais sous une autre forme, comme espèces. Que fait-il ? Il débite le compte qui reçoit, c'est-à-dire Caisse, et crédite Marchandises, qui fournit, ainsi qu'il suit :

Caisse à Marchandises, fr. 15 000,
Pour ventes au comptant.. . . . . 15 000 »

Il n'y a pas lieu d'inscrire le nom des acheteurs, avec lesquels la maison n'a rien à faire, puisqu'ils ont payé.

De même, lorsque K achète au comptant pour 10 000 fr. de marchandises, il transforme un capital qui existait en espèces dans sa caisse et écrit :

MARCHANDISES à CAISSE, fr. 10 000,

Pour achat au comptant, facture Z, n° . . . . 10 000 »

Il peut se dispenser d'annoter le nom du vendeur, s'il ne désire le conserver pour la commodité des vérifications.

L'industrie manufacturière et l'agriculture mentionnent fréquemment d'autres transformations de capitaux dont nous nous occuperons plus tard.

2° *Capitaux remis à des tiers ou confiés par eux.* — Les opérations qui donnent le plus habituellement ce résultat sont la vente et l'achat à terme. K vend à terme pour 16 000 fr. de marchandises à C. Ce capital cesse d'être confié au compte Marchandises pour être confié à C ; en d'autres termes, C le reçoit, donc il le doit ; Marchandises le fournit et il faut, par conséquent, l'en décharger ou créditer. On écrira :

C, marchand à ..., à MARCHANDISES, fr. 16 000,

Montant de n/ facture n° . . . . 16 000 »

Au grand-livre, on ouvrira un compte à C et on le débitera de cette somme.

On inscrira de la même manière toutes les ventes à terme et on ouvrira des comptes à chacun de ceux auxquels elles auront été consenties.

Le 5 janvier, K achète à terme à B un lot de marchandises pour le prix de 13 000 fr. Ce capital, fourni par B, est confié à K, c'est-à-dire au compte Marchandises, chargé de tous les capitaux qui ont cette forme dans la maison de K. Il faut donc débiter Marchandises de 13 000 fr. dont on créditera B, ainsi qu'il suit :

MARCHANDISES à B, de ..., fr. 13 000,

Montant de sa facture n° . . . . 13 000 »

On inscrira de même tous les achats à terme proprement dits.

Les achats et ventes à terme peuvent avoir une autre forme et être consentis contre effets de commerce. En ce cas, on ne les inscrit pas aux comptes des vendeurs ou des acheteurs, mais aux comptes des effets de commerce passifs ou actifs, qui sont Effets à payer et Portefeuille.

K vend un lot de marchandises de 10 000 fr. et reçoit en payement, pour une somme égale d'effets de commerce; le capital de 10 000 fr. est confié à l'acheteur, mais celui-ci transforme sa dette à l'instant en remettant des effets négociables souscrits ou endossés par lui. Ce n'est donc plus l'acheteur qui doit la somme, ce sont les débiteurs des effets représentés par un compte spécial, qui est Portefeuille. On écrira donc :

PORTEFEUILLE à MARCHANDISES, fr. 10 000,
Montant de n/ facture n° ..., réglée par les effets n°.. . . . .   10 000   »

De même, lorsque K achète pour 12 000 fr. de marchandises et règle sa facture par un billet ou par l'acceptation d'une lettre de change, il ne doit pas au vendeur le capital de 12 000 fr. qui lui est confié; il doit au porteur de son engagement, représenté sur ses livres par le compte collectif Effets à payer. C'est donc ce compte qui est crédité de la somme, ainsi qu'il suit :

MARCHANDISES à EFFETS A PAYER, fr. 12 000,
Facture n° ..., réglée par n/ acc°ⁿ n°   . . . .   12 000   »

L'achat et la vente peuvent être réglés par une délégation sur un tiers et être imputés au compte de ce tiers, bien qu'il n'ait pris aucune part à l'opération. — K vend pour 8 000 fr. de marchandises à un commerçant qui lui remet en payement un chèque sur D, son banquier. Celui-ci, acceptant le chèque, est débiteur de cette somme, et l'on écrit :

D, banquier, à MARCHANDISES, fr. 8 000,
Chèque de Y, pour n/ facture n°   . . . .   8 000   »

De même, si K achète pour 4 000 fr. de marchandises et les paye par un chèque sur D, il écrira :

MARCHANDISES à D, banquier, fr. 4 000,
N/ chèque n° ... à Z, pour sa facture n°   . . . .   4 000   »

Si l'on considère Portefeuille comme un compte collectif affecté à certains débiteurs, on peut considérer l'achat de marchandises payées par une remise d'effets comme une sorte de virement. — K, par exemple, achète pour 25 000 fr. de marchandises et les paye par la remise d'une somme égale d'effets de son portefeuille. Que fait-il en réalité? Il délègue à son vendeur un certain nombre de créances qui existaient à son profit. Comme le vendeur est payé, il n'y a pas lieu, en ce cas, d'inscrire son nom sur les livres; on écrit :

MARCHANDISES à PORTEFEUILLE, fr. 25 000,
Remise des effets n°ˢ ... c/ la facture X n°   . . . . 25 000   »

On peut aussi considérer cette opération comme une simple transformation de l'actif, puisque le capital de 25 000 fr. que la maison possédait en effets de portefeuille se trouve transformé dans ses mains en marchandises.

3° *Articles de liquidation.* — Liquider, c'est payer ce qu'on doit et recevoir ce qui est dû. Tout crédit accordé ou reçu donne lieu, par conséquent, à une liquidation qui l'annule. C paye une somme de 8 500 fr. à compte sur ce qu'il doit à K ; c'est une opération de liquidation facile à inscrire. En effet, K reçoit des espèces et en débite le compte Caisse en créditant C, comme il suit :

CAISSE à C, de ..., fr. 8 500,
Pour sa remise espèces.   . . . . 8 500   »

K paye 4 000 fr. à B, à compte de ce qu'il lui doit. Qui reçoit dans cette opération? B. Qui fournit? Caisse. Écrivons :

B, de ..., à CAISSE, fr. 4 000,
Pour notre payement de ce jour.   . . . . 4 000   »

Au lieu de liquider définitivement par des remises d'espèces, on liquide fréquemment, dans le commerce, par des créations ou remises d'effets de commerce et par des virements. — C remet un effet de 1,000 fr. et le passe à l'ordre de K. A-t-il liquidé définitivement? Non, puisqu'il demeure responsable du payement de l'effet remis : seulement il a éteint la première créance et ne doit plus rien à la maison, mais à sa signature. Il faut donc le créditer. Qui doit? Le compte chargé des créances de ce genre, Portefeuille. On écrit donc :

PORTEFEUILLE à C, de ..., fr. 1 000,
Remise d'un effet n° . . . . 1 000 »

K paye 2 000 fr. à B, par remise d'un effet de portefeuille. Le portefeuille doit être crédité de cette sortie et on écrit :

B, de ..., à PORTEFEUILLE, fr. 2 000,
Pour remise de n/ effet n° . . . . 2 000 »

K reçoit de C une somme de 1 500 fr. en un chèque sur D, banquier. Qu'arrive-t-il en ce cas? Le crédit fait à C est éteint jusqu'à concurrence de cette somme et remplacé par un crédit égal fait à D. On écrit :

D, banquier, à C, de ..., fr. 1 500,
Pour un chèque d'égale somme remis par C.. . . . . 1 500 »

K paye 2 500 fr. à B en un chèque sur D. Nous nous trouvons en présence d'une opération inverse de la précédente, et nous écrivons :

B, de ..., à D, banquier, fr. 2 500,
Pour r/ de n/ chèque, n° . . . . 2 500 »

4° *Gains, pertes, escomptes, rabais.* — Il y a, indépendamment des pertes proprement dites, des dépenses qui constituent une diminution actuelle du capital : ce sont les dépenses de loyer, de contributions, les appointements des commis et employés, les prélèvements du chef de maison pour ses dépenses personnelles, les ports de lettres, etc.; on met au même rang les rabais consentis, les escomptes payés. Il y a de même des recettes qui constituent un accroissement du capital : ce sont, outre les profits proprement dits, les intérêts et escomptes perçus, les rabais obtenus, etc.

Les diminutions de capital se portent au débit et les accroissements de capital au crédit de Profits et Pertes.

Les pertes et profits proprement dits ne présentent aucune difficulté. Un effet du portefeuille, de 500 fr., se trouve perdu, ou l'on constate dans la Caisse un déficit de 500 fr. jugé irrecouvrable. On passera cette somme au débit de Profits et Pertes et au crédit de Portefeuille ou de Caisse, comme il suit :

Profits et Pertes à Caisse, fr. 500,

Pour déficit constaté ce jour. . . . . 500 »

Si, plus tard, ce déficit, jugé d'abord irrecouvrable, venait à être recouvré, on considérerait la rentrée de cette somme comme un accroissement de capital. Ne viendrait-elle pas, en effet, augmenter le capital, réduit par l'article que nous venons d'inscrire? On écrirait donc :

Caisse à Profits et Pertes, fr. 500,

Recouvrement du déficit du .. courant.. . . . . 500 »

Si, au lieu de recouvrer un déficit réel, on s'apercevait que ce déficit avait pour cause un payement fait à B, dont l'inscription avait été omise, on considérerait la rentrée de cette somme comme un accroissement du capital, indûment réduit par l'inscription du déficit de Caisse, et on la passerait au crédit de Profits et Pertes et au débit de B, ainsi qu'il suit :

B, de ..., à Profits et Pertes, fr. 500,

Pour égale somme, payée le ..., omise en son temps. . . . 500 »

Si l'on s'était aperçu de l'omission avant d'avoir passé le déficit de Caisse par Profits et Pertes, on le passerait par Caisse et tout serait en ordre. Mais si l'on a commis l'erreur de considérer ce déficit comme une perte, on ne peut réparer cette erreur que par un contrepassement, c'est-à-dire par un article qui annule l'erreur commise dans le premier. Or, dans celui-ci, l'erreur ne consistait pas en ce qu'on avait crédité Caisse, mais en ce qu'on l'avait crédité par Profits et Pertes au lieu de le créditer par B. L'erreur se trouve donc réparée complétement par l'article que nous venons d'inscrire, parce qu'il crédite Profits et Pertes de la somme dont ce compte avait été indûment débité, en débitant à sa place B, qui avait effectivement reçu la somme.

L'inscription des dépenses et frais généraux de maison ne présente nulle difficulté. Supposons que le loyer et les contributions se payent par mois, comme les appointements des commis, et que toutes ces dépenses réunies s'élèvent à 3 000 fr. en janvier. On écrira :

Profits et Pertes à Caisse, fr. 3 000,

Pour loyer de magasin..	500	
Appointements de commis, gaz, etc.	1 500	3 000
Prélèvement de n/ sieur K..	1 000	

On passerait de la même manière les intérêts payés pour une somme prêtée, soit 100 fr. à valoir sur les intérêts de l'obligation hypothécaire. — On inscrirait de même au crédit de Profits et Pertes les sommes reçues à titre d'intérêts sur argent prêté, loyer de maisons, fermage de terres, etc. Ces sommes, en effet, constituent de simples accroissements de capital.

Venons maintenant aux escomptes et rabais. On remarquera qu'ils ont lieu : 1° par achat ou vente de marchandises ; — 2° par négociation d'effets. Dans le premier cas, ils intéressent le compte Marchandises, et, dans le second, les comptes Portefeuille ou Effets à payer.

Si l'escompte ou le rabais ont lieu au moment même d'un achat ou d'une vente de marchandises, on ne les inscrit point aux livres. En effet, ils ne constituent que la modification d'un prix nominal, qui ne figurait point aux livres et qu'il n'est pas du tout nécessaire d'y faire figurer. K achète pour 1 000 fr. de marchandises à six mois, sous 3 p. 0/0 d'escompte. Il les paye au prix de 970 fr. espèces. Combien coûtent ces marchandises? 970 fr., et c'est à ce prix qu'on les porte au compte chargé de les recevoir. Le capital de la maison n'a souffert ni diminution, ni accroissement par cette opération.

De même si K a vendu pour 1 000 fr. de marchandises payables à trois mois ou sous 1 1/2 p. 0/0 d'escompte, on les lui paye par la remise d'une somme espèces de 985 fr. Il a vendu en réalité ces marchandises pour 985 fr., ni plus, ni moins, et passe tout simplement cette somme au crédit de Marchandises et au débit de Caisse.

Mais si C, en réglant ou discutant son compte, obtenait de K un rabais quelconque, de 100 fr. par exemple, ce rabais devrait être inscrit comme une perte. Pourquoi? Parce que avant ce rabais il entrait dans la composition du capital de la maison une créance sur C supérieure de 100 fr. à celle qui existe réellement. Ce capital, ainsi évalué, a subi par le rabais une perte réelle, qu'il faut inscrire comme il suit :

PROFITS ET PERTES à C, de ..., fr. 100,

Pour rabais consenti ce jour. . . . . 100 »

De même si, par rectification d'erreur commise ou autrement, K obtient de B un rabais de 450 fr., la dette qui existait au profit de B se trouve réduite de cette somme et le capital de la maison, tel qu'il résultait de l'état des écritures, est augmenté d'autant. On écrit donc :

B, de ..., à PROFITS ET PERTES, fr. 450,

Pour rabais obtenu ce jour. . . . . 450 »

La plupart des gains et des pertes résultent d'une différence entre le prix d'achat et le prix de vente des marchandises. Ainsi K achète pour 1 000 fr. un lot de marchandises qu'il revend 1 500 fr. Il a gagné 500 fr. et c'est sur les gains de ce genre qu'il compte pour faire face à ses dépenses de toute sorte et obtenir, s'il le peut, un bénéfice. Si l'on voulait constater ce gain de 500 fr. sur les livres, à l'instant même, il faudrait créditer Marchandises de 1,000 fr. et Profits et Pertes de 500 fr. Mais le calcul des résultats de chaque opération serait presque toujours un peu long et souvent inutile. La difficulté consisterait à savoir combien précisément a coûté un lot de marchandises différentes, achetées en divers temps, en divers lieux, à diverses personnes. Ce calcul serait d'ailleurs inutile, parce qu'il fournirait seulement un résultat partiel et insignifiant, puisqu'il ne saurait donner une idée du gain ou de la perte qui peuvent résulter de la plus value ou de la moins value des marchandises en magasin.

Aussi a-t-on généralement adopté l'usage de considérer comme essentiellement variables les valeurs énoncées au compte Marchandises. En cours d'opérations, on débite ce compte de toutes les sommes dépensées pour achat de marchandises et on le crédite de toutes les sommes et créances que la vente des marchandises a fait entrer dans la maison. Lorsqu'on veut connaître le résultat général des opérations, à l'inventaire on évalue les marchandises existantes, et en ajoutant, comme par une vente, au crédit du compte la somme qui résulte de cette évaluation, on en relève le solde. Ce solde, c'est-à-dire la différence qui existe entre le total des sommes dépensées pour achat et le total des sommes reçues ou à recevoir pour vente, représente la somme des gains ou des pertes résultant de toutes les opérations d'achat et de vente. On abrége ainsi les écritures, sans se priver des lumières qu'on peut en obtenir.

On pourrait procéder de même avec les comptes Portefeuille et Effets à payer. Il suffirait de n'inscrire en détail ni les escomptes passifs, ni les escomptes actifs; de porter seulement les sommes sorties pour l'acquisition des effets du Portefeuille et les sommes entrées par leur payement ou leur négociation d'une part, et, d'autre part, d'inscrire les sommes entrées par l'émission des effets à payer et celles sorties pour les acquitter. Les soldes de ces deux comptes, après inventaire des existences en effets à recevoir ou à payer, exprimeraient la somme des escomptes reçus ou payés.

On a préféré avec raison inscrire les escomptes payés ou perçus à l'instant même des négociations, parce que leur calcul n'exige aucune opération fictive et ne présente nulle incertitude. On estime d'ailleurs que la valeur des effets à recevoir et à payer ne doit varier qu'autant qu'ils sont négociés avant échéance, puisque l'on suppose toujours qu'ils seront exactement payés. On inscrit donc les effets à recevoir et à payer pour le montant de la somme qu'ils expriment; on passe par Profits et Pertes les escomptes auxquels donnent lieu leurs négociations à mesure que celles-ci ont lieu, de telle façon que le solde des comptes Portefeuille et Effets à payer représente exactement la somme des effets que la maison doit recevoir ou payer.

Le 20 janvier, K négocie 7 000 fr. d'effets de son portefeuille à l'échéance moyenne du 20 juin, à 6 p. 0/0. L'escompte à déduire s'élève à fr. 176,15. On écrit :

Les Suivants à Portefeuille, fr. 7 000, savoir :

Caisse, pour négociation des effets n°°	6 823,85	
Profits et Pertes, pour escompte.	176,15	7 000

De même, le 21 janvier, K reçoit ou achète des effets de Portefeuille valant 2 000 fr., échéance du 12 avril, passibles d'un escompte de 35 fr. On écrira :

Portefeuille aux Suivants, fr. 2 000, savoir :

A Caisse, prix des effets n°°	1 965	
A Profits et Pertes, escompte.............	35	2 000

Le 22 janvier, K consent à payer par anticipation une lettre de 1 000 fr. acceptée par lui à l'échéance du 18 avril, sous escompte de 6 p. 0/0, soit de fr. 14,50. Il écrira :

Effets a payer aux Suivants, fr. 1000, savoir :

A Caisse, payement de n/ acceptation n°	985,50	
A Profits et Pertes, escompte.	14,50	1 000

Dans ces trois cas, l'inscription des escomptes payés ou perçus rectifie celle qui, portant à l'actif ou au passif de la maison le montant des effets à leur échéance, lui attribue une valeur trop ou trop peu élevée.

Le capital d'une maison de commerce peut augmenter par une cause indépendante de ses opérations, par une succession par exemple. En ce cas, il importe de remarquer que le capital n'entre dans la maison de commerce que sous la forme de marchandises, espèces, effets, créances actives ou passives et doit être passé au débit des comptes Marchandises, Caisse, Portefeuille, et au crédit d'Effets à payer, etc. Les sommes portées à ces divers comptes doivent être passées par Capital, directement et non par Profits et Pertes, justement parce qu'elles ne résultent pas des opérations. Si K, héritant d'une personne quelconque, ne plaçait pas dans sa maison de commerce le capital recueilli dans la succession, il n'y aurait pas de motif pour faire figurer ce capital aux livres de cette maison.

5° *Balance de vérification.* — Dans les maisons considérables dont la comptabilité est étendue, comme dans les grandes maisons de banque, on vérifie chaque jour si les articles inscrits donnent au crédit et au débit des totaux égaux. Dans les maisons moyennes, on se contente de vérifier l'état de la comptabilité toutes les semaines ou même tous les mois. On emploie pour cela un procédé uniforme qui consiste à relever sur une feuille volante le total de l'actif et le total du passif de chaque compte, ainsi que le solde, actif ou passif, que présente chaque compte. C'est ce qu'on appelle « faire ou relever la *balance de vérification* ». La feuille volante sur laquelle on inscrit ce relevé s'appelle *feuille de balance*.

Supposons que la maison K, qui nous a servi d'exemple, veuille vérifier au 31 janvier l'état de sa comptabilité. Sa feuille de balance présentera l'aspect suivant :

	COMPTES.	SOMMES.				SOLDES.			
		DOIT.		AVOIR.		DOIT.		AVOIR.	
1	Capital.	11 000	»	147 667	»			136 667	»
2	Marchandises. . .	145 667	»	49 000	»	96 667	»		
10	Caisse.	31 323	85	20 450	50	10 873	35		
18	D, banquier. . .	24 500	»	6 500	»	18 000	»		
25	Portefeuille.. . .	65 000	»	34 000	»	29 000	»		
40	B, marchand à. .	9 450	»	18 000	»			8 550	»
35	Effets à payer.. .	1 000	»	18 000	»			17 000	»
50	C, marchand à.. .	16 000	»	11 100	»	4 900	»		
60	Profits et pertes. .	3 776	15	999	50	2 776	65		
		305 717	»	305 717	»	162 217	»	162 217	»

Les numéros placés dans la petite colonne à gauche de la désignation de chaque compte indiquent la page ou le folio du grand-livre où le compte se trouve inscrit.

L'égalité des totaux ressortant de l'addition des articles débiteurs et de celle des articles créditeurs présente une garantie suffisante de correction des écritures ; car, quand on songe à la multitude des décompositions de chiffres qu'exige la comptabilité d'une maison un peu active, on comprend qu'il est à peu près impossible que ces totaux ressortent égaux, s'il y a quelque incorrection. Il faudrait, pour que des écritures incorrectes présentassent deux totaux égaux, que les erreurs commises se compensassent exactement, chose à peu près impossible.

L'égalité de la somme des soldes débiteurs et de la somme des soldes créditeurs présente encore une garantie supplémentaire.

On appelle quelquefois le relevé de la balance de vérification *inventaire des livres*, parce qu'en effet cette opération montre la situation des écritures, comme l'inventaire complet montre celle de la maison de commerce.

Dans les petites maisons de commerce, on ne se livre guère au travail de révision qu'au moment de l'inventaire; et c'est justement ce qui rend cette opération redoutable, parce qu'il faut alors pointer les écritures de toute l'année, tandis que l'inventaire des livres est une opération courte et facile dans les maisons qui pratiquent des vérifications fréquentes.

6° *Inventaire.* — Voyons maintenant par quels moyens le commerçant peut reconnaître le résultat de ses opérations pendant un temps donné, comment il *fait inventaire*. — Supposons que K veuille savoir quelle est sa situation au 31 janvier.

On sait que, pour connaître la situation d'un compte, il suffit de le solder. Ainsi, pour voir l'état du compte de D, banquier, on totalisera les chiffres de l'actif, puis ceux du passif, et on relèvera la différence des deux sommes, soit 18 000 fr., dus par D. De même, pour voir la situation du compte Caisse ou du compte B, on fait la même opération, et l'on trouve que le premier doit fr. 10 875,35 et que l'on doit fr. 8 550 au second.

Mais on ne peut connaître aussi facilement la situation réelle du compte Marchandises, parce que, d'une part, les marchandises vendues ayant été vendues à un prix différent du prix d'achat, on n'a pas relevé à chaque opération la différence qui revenait à Profits et Pertes. D'autre part, les marchandises, restant en magasin peuvent avoir changé de valeur en plus ou en moins depuis qu'elles ont été achetées, et il est nécessaire de constater leur valeur actuelle. On fait donc sur des feuilles volantes un relevé détaillé des marchandises existantes évaluées au minimum, et, après addition faite, on joint la somme à celle du crédit du compte Marchandises et l'on solde. La différence ou solde du compte ainsi modifié présente la perte ou le gain et est passée par Profits et Pertes.

Supposons, par exemple, que K, après avoir pratiqué le récolement des existences en magasin et y avoir joint son immeuble et ses rentes, trouve un chiffre de 100 000 fr. Le solde du compte Marchandises, qui est de fr. 3 333, représente le gain réalisé par la vente des marchandises et est passé par Profits et Pertes. Alors le solde du compte Marchandises, réduit à fr. 100 000, représente les existences effectives.

Une fois qu'on a réduit le solde de Marchandises au chiffre des existences constatées, on relève une balance de vérification qu'on appelle « balance d'inventaire », et on nomme « feuille d'inventaire » la feuille volante où la balance est inscrite.

Dans notre exemple, cette feuille prendra la forme suivante :

	COMPTES.	SOMMES.				SOLDES.			
		DOIT.		AVOIR.		DOIT.		AVOIR.	
1	Capital.	11 000	»	147 667	»			136 667	»
2	Marchandises. . .	149 000	»	49 000	»	100 000	»		
10	Caisse.	31 523	85	20 450	50	10 873	35		
18	D, banquier.. . .	24 500	»	6 500	»	18 000	»		
25	Portefeuille. . .	63 000	»	34 000	»	29 000	»		
40	B, marchand à. .	9 450	»	18 000	»			8 550	»
35	Effets à payer.. .	1 000	»	18 000	»			17 000	»
50	C, marchand à. .	16 000	»	11 100	»	4 900	»		
60	Profits et Pertes..	3 776	15	4 332	50			556	35
		309 050	»	309 050	»	162 773	35	162 773	35

Le solde de 556^{fr},35 présente les bénéfices nets réalisés pendant le mois de janvier, et K peut, à volonté, les prendre à la Caisse, s'il veut les retirer de sa maison, ou, s'il veut les laisser dans la maison, les passer au débit d'un compte spécial ou les laisser au crédit du compte Profits et Pertes.

7° *Écritures d'inventaire.* — D'après l'ancien usage, conservé de nos jours dans un grand nombre de maisons, on inscrivait au journal les résultats de chaque inventaire au moyen d'un compte liquidateur appelé Balance de sortie, Bilan, ou Comptes à nouveau.

Ce compte était débité des soldes créditeurs et crédité des soldes débiteurs, comme s'il avait payé les sommes dues par la maison et devait recevoir, par contre, les sommes dues à la maison. Dans notre exemple, ce compte pourrait être établi comme il suit :

—————— 31 janvier 18.. ——————

Les Suivants à Bilan, fr. 162 773,35, savoir :

Capital, s/ solde.	136 667 »	
B, marchand à ... id.	8 550 »	
Effets a payer, id.	17 000 »	162 773,35
Profits et Pertes, id.	556,35	

—————— Id. id. ——————

Bilan aux Suivants, fr. 162 773,35, savoir :

A Marchandises, s/ solde.	100 000 »	
A Caisse, id.	10 873 35	
A D, banquier, id.	18 000 »	162 773,35
A Portefeuille, id.	29 000 »	
A C, march. à ... id.	4 900 »	

Lorsqu'on rouvrait les livres après l'inventaire, il fallait annuler ces écritures au moyen d'un compte receveur appelé Balance d'entrée ou Comptes anciens, qui était censé payer les soldes créditeurs et recevoir les soldes débiteurs. Ainsi, dans ce système, en prenant notre exemple, on écrirait :

—————— 1er février 18.. ——————

Comptes anciens aux Suivants, fr. 162 773,35, savoir :

A Capital, s/ solde.	136 667 »	
A B, marchand à ... id.	8 550 »	
A Effets a payer, id.	17 000 »	162 773,35
A Profits et Pertes, id.	556,35	

—————— Id. id. ——————

Les Suivants à Comptes anciens, fr. 162 773,35, savoir :

Marchandises, s/ solde.	100 000 »	
Caisse, id.	10 873,35	
D, banquier à ... id.	18 000 »	162 773,35
Portefeuille, id.	29 000 »	
C, marchand à ... id.	4 900 »	

Mais il est évident que la création de ces deux comptes, destinés à jouer l'un avec l'autre et toujours soldés, était inutile, puisque le second n'avait pas d'autre fin que d'annuler les écritures du premier. On les a donc supprimés, et, renvoyant au livre auxiliaire spécial tout le détail de l'inventaire, on n'a plus mentionné les soldes au journal, qui a été continué sans autre interruption qu'une raie à l'encre et un total qui ferme les opérations de l'exercice.

Au grand-livre, on solde les comptes, sans inscrire aucune date, dans la forme indiquée à la fin du volume; puis, en rouvrant les écritures, on reporte, avant toutes opérations nouvelles, au débit les soldes débiteurs, et au crédit les soldes créditeurs. Ensuite on écrit les opérations, à mesure qu'elles ont lieu, en la forme ordinaire.

8° *Livre des inventaires.* — Les inventaires sont inscrits sur un livre spécial dont la tenue est formellement prescrite par le code de commerce.

L'inventaire comprend : 1° une énumération détaillée des marchandises qui existent au pouvoir de la maison de commerce, accompagnée d'une évaluation de chaque article ; 2° une énumération détaillée des effets en portefeuille ; 3° une énumération détaillée des effets à payer ; 4° une énumération détaillée des créances actives et passives.

L'évaluation des divers articles de marchandises est inscrite dans une colonne de Caisse placée à l'extrémité de la page à droite et le total de ces évaluations doit être le solde du compte Marchandises. — De même, l'énumération des effets à recevoir, inscrite dans la même forme, doit donner le solde du compte Portefeuille et l'énumération des effets à payer doit donner le solde du compte Effets à payer.

L'inventaire transcrit sur le livre spécial est daté et signé par le chef de maison.

Le bilan est le résumé de l'inventaire, l'inventaire n'étant en quelque sorte que le bilan détaillé et accompagné d'une indication des pièces justificatives.

Lorsque les livres d'une maison de commerce sont tenus en partie simple, le bilan ne présente qu'un état des créances actives et passives. Les existences doivent être constatées par des relevés effectifs et directs qui ne trouvent dans la comptabilité générale aucune vérification.

Maintenant que nous avons indiqué comment on arrête les écritures ou ferme les comptes à l'inventaire et comment on reprend les écritures ou rouvre les comptes après inventaire, nous avons, à proprement parler, exposé les principes généraux de la tenue des livres. En effet, quelle que soit la forme que l'on donne aux écritures, les principes que nous venons d'indiquer restent stables et ne sont modifiés en rien. Celui qui les possède à fond peut comprendre et établir sans peine une tenue de livres, quelque compliquée qu'elle soit. Il n'en est pas moins utile de parler des modifications que la pratique fait subir fréquemment à la forme des comptes qui nous ont servi d'exemple, de ce que l'on pourrait appeler la « manière de se servir de la méthode des parties doubles ».

§ 4. — INTRODUCTION DE NOUVEAUX COMPTES.

1° *Subdivision des comptes généraux.* — On peut, si on le juge nécessaire, subdiviser les six comptes généraux. Indiquons quelques-unes des subdivisions les plus habituelles en continuant de prendre pour exemple les livres de la maison K.

On ouvre fréquemment, à côté du compte Capital, un second compte appelé *Réserve*, ou de tout autre nom, auquel on attribue tout ou partie des bénéfices nets réalisés qui demeurent dans l'entreprise et auquel on demande, si on le juge nécessaire, de quoi couvrir des pertes extraordinaires ou compléter des prélèvements insuffisants. Ce compte n'est qu'une subdivision de celui qui est ouvert à Capital; car, si on ne l'ouvrait pas, ce serait à Capital que l'on attribuerait les bénéfices qui resteraient dans l'entreprise. — D'ailleurs, comme le compte Capital, le compte de Réserve, là où il existe, ne subit de modification qu'au moment des inventaires.

Supposons qu'en reprenant ses écritures, au 1ᵉʳ février, K veuille ouvrir un compte Réserve et lui attribuer le solde de Profits et Pertes, il écrira :

PROFITS ET PERTES à RÉSERVE, fr. 556,35,

Solde du dernier inventaire.   556   35

Le compte de Marchandises se subdivise chaque fois que le chef de maison veut connaître le résultat que lui donnent ses opérations sur ou telle ou telle espèce de marchandises. Dans notre exemple, nous trouvons confondus, sous le nom commun de marchandises, un immeuble, des rentes et des marchandises diverses que nous n'avons pas spécifiées ; ce seront des soieries, des cotonnades, des lainages, etc., chez un marchand de nouveautés ; des vins, des esprits, des eaux-de-vie, chez un marchand de liquides ; des fontes, des fers, du plomb ou du cuivre en saumons, etc., chez un marchand de métaux, et de même dans d'autres branches de commerce. Supposons que K veuille savoir ce que lui coûte et ce que lui rapporte son immeuble, ce que lui coûtent et ce que lui rapportent ses rentes 3 %, ce qu'il dépense et ce qu'il reçoit pour ses opérations sur les fontes moulées et sur les métaux divers, dans le cas où il fait le commerce des métaux. Il ouvrira un compte à l'immeuble, un autre aux rentes, un autre aux fontes moulées. Ce seront autant de subdivisions du compte Marchandises.

On comprend que K pourrait de même, s'il le jugeait convenable, ouvrir un compte aux fers, un aux cuivres, un aux fontes brutes, etc. Ce ne seraient jamais que des subdivisions du compte Marchandises.

Partant de la supposition que nous venons d'indiquer, K écrira :

Les Suivants à Marchandises, fr. 62 000, savoir :

Rentes, 2 000 fr. de rente 3 p. % à 69. . . .	46 000	
Immeuble, terrain rue ... n°..	9 000	62 000 »
Fontes moulées..	7 000	

Le compte Caisse se subdivise fréquemment en banque, au moins dans les livres auxiliaires, là où on a plusieurs caisses chargées de recevoir ou de payer certaines créances actives et passives, là où on distingue les recettes et payements en billets des recettes et payements en espèces, etc. Une subdivision plus généralement employée est celle qui introduit une Petite Caisse chargée de pourvoir aux menues dépenses, que l'on passe en seul article à la fin du mois au débit de Profits et pertes. Cette Petite Caisse est débitée des sommes que fournit à celui qui en est chargé la Caisse principale.

Le plus souvent, le compte de la Petite Caisse ne figure pas à la comptabilité générale; le caissier en tient note et porte les dépenses de la Petite Caisse à la fin du mois. Mais quelquefois on préfère, pour plus de correction, faire figurer ce compte au journal.

Le compte Portefeuille est fréquemment subdivisé chez les banquiers. Ils ont, par exemple, un portefeuille de Paris, un portefeuille des départements et un portefeuille de l'étranger.

Le compte Effets à payer se subdivise fréquemment aussi chez les banquiers, lorsqu'ils émettent, soit des billets à vue, soit des billets payables à un certain nombre de jours de vue, soit des obligations, etc.

Le compte Profits et Pertes est également susceptible de subdivisions nombreuses, et il en est une que l'on peut recommander aux entrepreneurs d'industrie : c'est celle des frais généraux de leur entreprise, chose très-distincte en réalité des pertes proprement dites. En effet, les frais généraux sont des pertes consenties et prévues, tandis que les pertes proprement dites sont involontaires et imprévues.

Entre les frais généraux, il convient toujours de compter le salaire du chef de la maison et l'intérêt qui lui est dû pour les capitaux qu'il y a engagés. Mais comme c'est un point qu'il conviendra de traiter longuement, lorsque nous nous occuperons de la recherche du prix de revient, il suffit de l'indiquer ici en passant, sans distraire autrement l'attention du lecteur.

Dans les maisons où l'on tient à savoir ce que produisent les commissions, ou les escomptes, ou toute autre branche de profits, on ouvre un compte spécial à cette branche. — Tous ces comptes, quel que soit leur nombre, sont autant de subdivisions de Profits et Pertes.

Il importe au praticien de bien comprendre auquel des six comptes généraux se rapporte un compte subdivisionnaire, afin de pouvoir sans difficulté le solder en procédant à l'inventaire. Habituellement, les subdivisions du compte Marchandises sont traitées comme ce compte et soldées par Profits et Pertes après évaluation des existences. Mais comme il reste à chacun de ces comptes un solde d'existences effectives, ils figurent à la feuille d'inventaire et au bilan. Il en est de même, et pour le même motif, des subdivisions des comptes de Portefeuille et Effets à payer. Il en est de même encore des subdivisions du compte Caisse, qui distinguent les espèces des billets. Au contraire, les autres subdivisions de ce compte, Petite Caisse notamment, sont soldés par Caisse, et ne figurent ni à la feuille d'inventaire, ni au bilan, non plus que Frais généraux, Escomptes, Commissions et autres subdivisions du compte Profits et Pertes, que l'on solde par celui-ci au moment de dresser l'inventaire.

On comprend sans peine pourquoi les commerçants procèdent ainsi. Il peut leur importer de savoir quelles sont les diverses marchandises, les divers effets de commerce qui constituent leur actif et les échéances diverses des obligations qui figurent à leur passif. Mais les espèces, qui sont le dénominateur commun, doivent figurer à un seul compte, et la liquidation des pertes et des gains ne peut être effectuée qu'en soldant le compte Profits et Pertes. Si l'on veut savoir quel a été le chiffre spécial des frais généraux, quel le chiffre des commissions ou des escomptes perçus, des commissions ou des escomptes payés, on peut le savoir sans peine en examinant le détail des écritures qui, au moment où l'on procède à l'inventaire, constituent la situation du compte Profits et Pertes.

Il importe encore de bien comprendre auquel des comptes généraux se rapportent les comptes subdivisionnaires pour pouvoir, sans hésitation ni difficulté, simplifier, si on le désire, la comptabilité d'une maison en effaçant des subdivisions inutiles. Alors, en effet, il suffit de solder le compte subdivisionnaire par le compte principal dont il est un démembrement.

2° *Personnifications arbitraires.* — Il arrive fréquemment que le chef d'une maison de commerce désire réunir sous un seul chef les opérations faites avec diverses personnes, ou celles qui ont tel ou tel objet déterminé. La méthode des parties doubles lui fournit un moyen facile de satisfaire ce désir par la création de comptes arbitraires, analogues aux comptes généraux que nous connaissons.

Entre ces personnifications arbitraires, nous pouvons en signaler une qui se trouve presque partout sous le nom de *Divers.* C'est un compte dans lequel on réunit les engagements actifs et passifs transitoires avec des personnes qui ne font pas des affaires assez considérables avec la maison pour qu'on ouvre un compte spécial à chacune d'elles. Le plus souvent, les recherches relatives à ce compte sont faciles, parce qu'il est rare qu'entre deux inventaires il remplisse plus d'une ou deux pages au grand-livre. — Dans les maisons où ce compte a plus d'importance, on lui consacre un grand-livre spécial.

Les commerçants ont fréquemment deux comptes de ce genre intitulés, l'un *Factures à recevoir*, l'autre *Factures à payer :* le premier, débité de toutes les factures exigibles à court délai de personnes qui n'ont pas compte ouvert aux livres, le second crédité des factures dont la maison doit le montant à bref délai à des personnes qui n'ont pas de compte ouvert chez elle. Naturellement, le premier de ces comptes est crédité par Caisse, par Portefeuille ou par un virement, lorsque les factures à recevoir sont acquittées, et le second est débité par Caisse, Portefeuille ou par un virement, lorsque la maison acquitte les factures à payer.

Chez les banquiers, on a l'habitude de n'ouvrir au journal et au grand-livre qu'un seul compte à tous les comptes courants. Il est débité de toutes les sommes fournies aux ayants compte et crédité de toutes les sommes fournies par eux. Il y a un grand-livre spécial où chaque ayant compte figure en la forme ordinaire.

On ouvre de même un compte à une succursale ou à un comptoir séparé de la maison principale. Ce compte est débité de toutes les sommes dépensées ou fournies pour cette succursale ou ce comptoir et on le crédite de toutes les sommes reçues du comptoir ou de la succursale. A l'inventaire, on règle ce compte comme le compte Marchandises.

On procède de même avec les comptes que les armateurs ouvrent à chacun de leurs navires, ou aux voyages de chacun d'eux pour savoir quel est le résultat de chaque voyage.

Il est facile de même d'établir des comptes d'ordre, lorsqu'il en est besoin pour répartir sur plusieurs exercices certaines recettes ou certaines dépenses. Ainsi un marchand aura dépensé 40 000 fr. pour l'installation d'un magasin pris à bail pour 10 ans. S'il imputait cette dépense à la première année en la passant par Profits et Pertes, il semblerait avoir perdu, lors même qu'en réalité il aurait gagné 10 ou 15 000 fr. Pour se rendre un compte exact de sa situation, il répartira ses frais d'installation sur les dix années de son bail, et ne passera, par conséquent, par Profits et Pertes que 4 000 fr. par an. En attendant, les 40 000 fr. seront inscrits au débit d'un compte qu'on pourra intituler *Établissement* ou *Installation*, qui sera chaque année crédité de 4 000 fr. par Profits et Pertes.

3° *Exemples.* — Continuons nos exemples et reprenons au 1er février les écritures que nous avons fermées le 31 janvier.

Nous avons déjà ouvert des comptes à Réserve, à Rentes, à Immeuble, à Fontes moulées. Le 2 février, K vend pour 2 000 fr. de fontes moulées à R payables au comptant, c'est-à-dire à courte échéance. Il débite de cette facture le compte Divers et écrit :

Divers à Fontes moulées, fr. 2 000,

Facture n° ... due par R.. . . . . 2 000 »

Le 3, le locataire de l'immeuble vient payer 350 fr. pour un an de loyer. Si l'immeuble se trouvait confondu avec les marchandises, on passerait cette somme au crédit de Profits et Pertes ; mais dès que l'immeuble a un compte, on veut savoir ce qu'il rapporte et ce qu'il coûte. On le crédite donc de la somme reçue ainsi qu'il suit :

Caisse à Immeuble, fr. 350,

Un an de loyer du terrain, rue. . . . . 350 »

Le 4, on paye 20 fr. de contributions pour cet immeuble et on les porte à son débit :

Immeuble à Caisse, fr. 20,

Contributions pour le terrain rue.. . . . . 20 »

Si l'immeuble n'avait pas eu de compte, ces 20 fr., payés par la Petite Caisse, n'auraient été inscrits qu'à la fin du mois dans la somme passée au débit de Profits et Pertes.

Le 6, l'entrepreneur qui a fait les hangars servant de magasins présente une facture de 10 000 fr. Ce sont des frais de premier établissement que K veut amortir peu à peu, soit à raison de 2 000 fr. par an. Il écrira :

Installation à Divers, fr. 10 000,

Facture de N, entrepreneur.. . . . . 10 000 »

Le 7, K vend 1 500 fr. de rente à 71 50, à fin courant. Son agent de change lui devra donc à la fin du mois fr. 35 704,75 et il en est débité d'ores et déjà, s'il a un compte ouvert ; s'il n'a pas de compte ouvert, on débite Divers de cette somme, ainsi qu'il suit :

DIVERS à RENTES, fr. 35 704,75,

Prix de 1 500 r/ 3 p. % à fin c^t. 35 704,75

Le 8, on achète de B pour 20 000 **fr.** de marchandises, dont 8 000 fr. de fontes moulées. On écrira :

Les Suivants à B, de fr. 20 000, savoir.

FONTES MOULÉES.	8 000	
MARCHANDISES.	12 000	20 000 »

Le 10, on vend pour 9 000 fr. de marchandises, dont 4 000 fontes moulées à C. On écrit :

C, de ..., aux Suivants, **fr. 9 000, savoir :**

A MARCHANDISES, n/ facture n°.	5 000	
A FONTES MOULÉES, id.	4 000	9 000 »

Le 12, R règle sa facture en payant 1 200 fr. espèces et en remettant un effet de fr. 800 à quarante jours. On écrit :

Les Suivants à DIVERS, fr. 2 000, savoir :

CAISSE, versement de R.	1 200	
PORTEFEUILLE, r/ de l'effet n°.	800	2 000 »

Le 14, l'entrepreneur des hangars reçoit le montant de sa facture, en 9 000 fr. effets de portefeuille et 500 fr. espèces, et consent un rabais de fr. 500. On écrit :

DIVERS aux Suivants, fr. 10 000, savoir :

A PORTEFEUILLE, r/ des effets n°	9 000	
A CAISSE, espèces.	500	10 000 »
A INSTALLATION, rabais de la facture n°.	500	

Le 15, on paye une acceptation de l'importance de fr. 5 000. On écrit :

EFFETS A PAYER à CAISSE, fr. 5 000,

Pour acq/ de n/ acc/ n°. 5 000 »

Le 18, on achète au comptant, de X, pour 50 000 fr. de métaux divers, payables sous peu de jours. On écrit :

MARCHANDISES à DIVERS, fr. 50 000,
Facture X, de ce jour. . . . . 50 000 »

Le 19, C paye 7 000 fr. en un chèque sur D, banquier. On écrit :

D, banquier à C, de fr. 7 000,
Pour r/ d'un chèque s/ D. . . . . 7 000 »

Le 28, on paye les dépenses du mois, que nous supposerons de 3 000 fr. On écrira :

FRAIS GÉNÉRAUX à CAISSE, fr. 3 000, savoir :
Frais du mois. 3 000 »

Le 10 mars, l'agent de change solde son compte par un chèque sur la Banque de France, qui est remis à X en règlement de sa facture, dont le reste est réglé par la remise de 12 000 fr. effets de portefeuille et d'une somme de fr. 2 295,25. On écrit :

DIVERS aux Suivants, fr. 50 000, savoir :
A DIVERS, chèque r/ par G, ag. de ch/. . . 35 704 75 ⎫
A PORTEFEUILLE, r/ des effets n°. . . . . . 12 000 » ⎬ 50 000 »
A CAISSE, espèces à X. . . . . 2 295, 25 ⎭

Le 15, on accepte une lettre de change de 25 000 fr. tirée par B à cent cinquante jours de vue. On écrit :

B, de ..., à EFFETS A PAYER, fr. 25 000,
Pour n/ acc/ n°. . . . . 25 000 »

Le 16, on vend pour 30 000 fr. de métaux divers, dont 15 000 sont payés en effets de portefeuille, 5 000 en espèces, 7 000 en un chèque sur D, banquier, et 3 000 restent à payer prochainement. On écrit :

Les Suivants à MARCHANDISES, n/ facture n° ..., fr. 30 000, savoir :
PORTEFEUILLE, r/ des effets n°. . . . . 15 000 » ⎫
CAISSE, espèces. . . . . 5 000 » ⎬ 50 000 »
D, banquier, r/ d'un chèque s/ l/. . . . . . . 7 000 » ⎪
DIVERS, par R. . . . . 3 000 » ⎭

Le 26, on reçoit le coupon du reste de la rente 5 p. 0/0, soit 125 fr. Si cette rente n'avait pas un compte spécial, on en créditerait Profits et Pertes; mais à cause du compte spécial on en crédite Rentes, comme il suit:

CAISSE à RENTES, fr. 125,
Coupon de 500 fr., rente 5 p. %. . . . . 125 »

Le 30, on paye les frais du mois, soit 3 200 fr. On écrit:

FRAIS GÉNÉRAUX à CAISSE, fr. 3 200,
Frais du mois. . . . . 3 200 »

Le même jour, on veut passer écriture de la part des frais d'installation qui doit être amortie, soit 500 fr. On écrira:

PROFITS ET PERTES à INSTALLATION, fr. 500,
Pour amortissement pendant le 1er trimestre de 18. . . . . 500 »

Supposons maintenant qu'on fasse inventaire. On commencera par examiner, au moyen d'une balance de vérification, si les écritures sont correctes. Cette balance présentera les résultats suivants:

	COMPTES.	SOMMES.				SOLDES.			
		DOIT.		AVOIR.		DOIT.		AVOIR.	
1	Capital.			136 667	»			136 667	»
2	Marchandises. . .	162 000	»	97 000	»	65 000	»		
10	Caisse.	17 548	35	14 015	25	3 533	10		
18	D. banquier à.. .	32 000	»			32 000	»		
20	Rentes.	46 000	»	35 829	75	10 170	25		
25	Portefeuille.. . .	44 800	»	21 000	»	23 800	»		
35	Effets à payer. .	5 000	»	42 000	»			37 000	»
40	B. marchand à. .	25 000	»	28 550	»			3 550	»
45	Fontes moulées. .	15 000	»	6 000	»	9 000	»		
50	C. marchand à. .	13 900	»	7 000	»	6 900	»		
55	Réserve.			556	35			556	35
60	Profits et Pertes. .	1 056	35	556	35	500	»		
65	Immeuble. . . .	9 020	»	350	»	8 670	»		
70	Divers.	100 704	75	97 704	75	3 000	»		
75	Installation. . .	10 000	»	1 000	»	9 000	»		
76	Frais généraux. .	6 200	»			6 200	»		
		488 229	45	488 229	45	177 773	35	177 773	35

La correction des écritures étant constatée, on fait disparaître le compte d'ordre Frais généraux en le soldant par Profits et Pertes, ainsi qu'il suit :

PROFITS ET PERTES à FRAIS GÉNÉRAUX fr. 6 200.

Solde d'inventaire. . . . . 6 200 »

Ensuite on procédera au récolement et à l'évaluation des existences qui se rattachent aux comptes Marchandises, Rentes, Fontes moulées et Immeuble; on relèvera la somme que présentent ces évaluations, et, la comparant au solde du compte tel qu'il ressort à la feuille de vérification, on passera la différence au crédit de Profits et Pertes si les existences sont supérieures au solde, et au débit du même compte si les existences sont inférieures.

Supposons, par exemple, que l'on trouve pour 70 000 fr. d'existences en marchandises diverses; on passera au crédit de Profits et Pertes la différence de 5 000 fr. qui se trouve entre la somme des existences et les 65 000 fr. du solde de la balance de vérification. — Supposons de même que les existences en rentes vaillent 11 833,35, celles des fontes moulées 9 850 fr., et l'immeuble 9 300 fr. Il faudra créditer Profits et Pertes de fr. 1 663,35 par Rentes, de fr. 850 par Fontes moulées et de fr. 630 par Immeuble, ainsi qu'il suit :

Les Suivants à PROFITS ET PERTES, fr. 8 143,35, savoir :

MARCHANDISES, s/ à l'inventaire. . . . . 5 000 »
RENTES, id. . . . . 1 663,35 } 8 143,35
FONTES MOULÉES, id. . . . . 850 »
IMMEUBLE, id. . . . . 630 »

Une fois ces écritures passées, on voit clairement la situation de la maison K par la feuille d'inventaire, ou, comme on dit, par le bilan, qui ressort ainsi qu'il suit :

	COMPTES.	SOLDES.		SOMMES.	
		DOIT.	AVOIR.	DOIT.	AVOIR.
1	Capital..		136 667 »		136 667 »
2	Marchandises. . .	167 000 »	97 000 »	70 000 »	
10	Caisse.	17 548 35	14 015 25	3 533 10	
18	D, banquier à.. .	52 000 »		52 000 »	
20	Rentes.	47 663 35	35 829 75	11 833 60	
25	Portefeuille.. . .	44 800 »	21 000 »	23 800 »	
35	Effets à payer.. .	5 000 »	42 000 »		37 000 »
40	B, marchand à. .	25 000 »	28 550 »		3 550 »
45	Fontes moulées. .	15 850 »	6 000 »	9 850 »	
50	C, marchand à. .	13 900 »	7 000 »	6 900 »	
55	Réserve.		556 35		556 35
60	Profits et Pertes. .	7 256 35	8 699 70		1 443 35
65	Immeuble. . . .	9 650 »	550 »	9 300 »	
70	Divers.	100 704 75	97 704 75	3 000 »	
75	Installation.. . .	10 000 »	1 000 »	9 000 »	
		496 372 80	496 372 80	179 216 70	179 216 70

Ce bilan présente un bénéfice net de fr. 1 443,35, solde du compte Profits et Pertes. C'est une somme dont on peut disposer, soit pour la prélever, soit pour la porter à la réserve.

Il nous semble inutile de multiplier davantage ces exemples.

§ 5. — LIQUIDATION.

Mais il importe, pour montrer complétement le mécanisme de la partie double, d'indiquer un exemple d'écritures de liquidation. Donc, supposons que K soit amené, par une cause quelconque, à liquider sa maison de commerce.

Liquider, c'est ramener tout son actif à la forme d'espèces et payer ses dettes.

Supposons que K trouve preneur pour son bail et pour ses marchandises au prix d'inventaire et que le preneur consente à prendre et à rembourser les 9 000 fr. de frais d'installation restant à amortir, le tout payé comptant. Supposons en outre que les créances actives et passives sont payées exactement. Les écritures au 31 décembre pourront se résumer comme il suit :

Caisse aux Suivants, fr. 175 683,60, savoir :

A Marchandises, solde et liquidation. . .	70 000	»		
A D, banquier,	id.	. . .	32 000	»
A Rentes,	id.	. . .	11 833,60	
A Portefeuille,	id.	. . .	23 800	»
A Fontes moulées,	id.	. . .	9 850	»
A C, marchand à ...,	id.	. . .	6 900	»
A Immeuble,	id.	. . .	9 500	»
A Divers,	id.	. . .	3 000	»
A Installation, payé par N.	9 000	»

175 683,60

Id.   id.

Les Suivants à Caisse, fr. 40 550, savoir :

Effets a payer, solde en liquidation. . . .	37 000	»
B, marchand à ...,	id.	. . . .	3 550	»

40 550   »

Comme au commencement des opérations on part d'un seul compte, celui de Capital, et l'on suppose que l'actif de la maison est confié par lui à divers personnages fictifs tels que Caisse, Portefeuille, etc., de même en liquidation on suppose que ces personnages viennent rendre leurs comptes, soit l'un après l'autre, soit par l'intermédiaire de Caisse, comme dans notre exemple. Lorsque chacun a rapporté ce qu'il devait, ou reçu ce qui lui était dû, tous les comptes doivent se trouver soldés. Si, poursuivant ainsi la liquidation, nous soldons le compte Caisse par Capital, nous écrivons :

Capital à Caisse, fr. 138 666,70,

Pour solde en liquidation. 138 666,70

Alors Capital présente un solde débiteur de fr. 1 999,70, égal aux soldes réunis de Réserve et de Profits et Pertes, de telle sorte que si, pour terminer, nous soldons ces comptes par Capital, celui-ci et tous les comptes se trouvent soldés. Écrivons:

Les Suivants à Capital, 1 999,70, savoir :

Réserve, solde en liquidation.	556,35
Profits et Pertes,	id.	. . . .	1 443,35

1 999,70

Si nous supposions que K, cédant au pair et au prix d'inventaire son bail et ses marchandises, restât grevé des 9 000 fr.

de frais d'installation, il devrait passer cette somme par Profits et Pertes, comme il suit :

PROFITS ET PERTES à INSTALLATION, fr. 9 000,
Solde en liquidation. . . . . 9 000   »

En ce cas, les sommes à payer par Caisse ne s'élèveraient plus qu'à fr. 166 683,60 et le solde de Caisse à passer par Capital ne monterait plus qu'à fr. 129 666,70.

Mais le solde de Profits et Pertes s'élèverait à fr. 7 556,65 et serait débiteur. Il faudrait donc écrire pour liquider :

CAPITAL à PROFITS ET PERTES, fr. 7 556,65,
Pour solde en liquidation. 7 556,65

——————————— Id.   id. ———————————

RÉSERVE à CAPITAL, fr. 556,35,
Pour solde en liquidation. 556,35

Alors encore Capital solderait par 137 225,35, et tous les comptes seraient soldés. La perte nette serait de fr. 7 556,65, solde du compte Profits et Pertes.

En somme, en liquidation comme à l'inventaire, des écritures correctes doivent, lorsqu'on solde tous les comptes par Capital, présenter le compte Capital soldé, et l'on comprend qu'il ne peut en être autrement, lorsque l'on a trouvé la somme des soldes débiteurs égale à la somme des soldes créditeurs. Le résultat des opérations se trouve constaté par le solde du compte Profits et Pertes. Peu importe d'ailleurs que la maison ait emprunté et prêté des sommes plus ou moins considérables, puisque les emprunts sont compensés par des existences ou des créances égales et les prêts par des fournitures ou par des créances passives. En cet état, les soldes actifs et passifs s'équilibrent, de manière à laisser le chef de maison en face du solde propre aux comptes Capital et Réserve d'une part, et, d'autre part, du solde de Profits et Pertes.

§ 6. — RÉDACTIONS RÉSUMÉES.

La forme de rédaction que nous avons adoptée dans les articles qui précèdent est claire et très-suffisante dans les maisons où il n'y a ni beaucoup d'opérations, ni un grand nombre de livres auxiliaires. Dans ces maisons même, cette rédaction n'est suffisante qu'à la condition d'être quelquefois un peu longue.

Supposons que C vienne un jour payer à compte en espèces 1 000 fr., réclamer et obtenir 100 fr. de rabais ou d'escompte, remettre 1 500 fr. d'effets, en même temps qu'il achète pour 3 000 fr. de marchandises, dont le port, avancé par la maison, coûte 50 fr. — Supposons que le même jour la maison paye à B 2 000 fr., reçoive de lui pour 4 000 fr. de marchandises dont elle paye le port 70 fr., et accepte une lettre de change de 2 000 fr. tirée par lui. — Supposons encore que le même jour la maison paye un effet de 3 000 fr. et en recouvre un de 1 500 fr.

Voilà certes des opérations en petit nombre et bien simples, que l'on peut passer de plusieurs manières, mais toujours un peu longuement, avec le système de rédaction que nous avons employé jusqu'ici. On pourra écrire, par exemple :

—————————— Du 10 mars 18.. ——————————

CAISSE aux Suivants, fr. 2 500, savoir :

A C, de ..., s/ r/ espèces.. . . . . 1 000 » ⎫
A PORTEFEUILLE, r/ de l'effet n°.. . . . . 1 500 » ⎬ 2 500 »

—————————— Id.   id. ——————————

Les Suivants à CAISSE, fr. 5 120, savoir :

C, port de ses m/. . . . . 50 » ⎫
B, n/ r/ espèces. . . . . 2 000 » ⎬ 5 120 »
MARCHANDISES, port de l'envoi de B. . . . . . . 70 » ⎪
EFFETS A PAYER, acq/ de l'acc°⁰ n°. . . . . . . 3 000 » ⎭

—————————— Id.   id. ——————————

PROFITS ET PERTES à C, de ..., fr. 100.

Pour rabais con. ᵗⁱ s/ s/ cᵗᵉ. . . . . 100 »

—————————— Id.   id. ——————————

PORTEFEUILLE à C, de ..., fr. 1 500.

R/ des effets n°.. . . . . 1 500 »

——————————— Id. id. ———————————

C, à Marchandises, fr. 3 000.

Pour n/ facture n° ... de ce jour. . . . . 3 000 »

——————————— Id. id. ———————————

Marchandises à B, de ..., fr. 4 000.

Pour s/ facture n° ... de ce jour. . . . . 4 000 »

——————————— Id. id. ———————————

B, de ..., à Effets a payer, fr. 2 000.

Acc^on n° ... de s/ l/ au.. . . . . 2 000 »

Voilà sept articles pour des opérations fort ordinaires, sans supposer aucune division des comptes généraux. On comprend sans peine que, même en réunissant le plus possible par des additions les articles de même nature, on pourrait en avoir vingt, trente ou un plus grand nombre, même dans une petite maison. Que serait-ce dans une maison où les comptes généraux seraient nombreux et les opérations actives?

La longueur des écritures et le grand nombre des articles ne sont pas les seuls inconvénients de cette forme de rédaction. Il faut, pour transcrire les écritures au grand-livre, faire un travail de préparation, et, par exemple, joindre ensemble par une addition les 1 000 fr. espèces payés par C et les 100 fr. de rabais pour le créditer en un seul chiffre de 1 100 fr. Il faut, de même, réunir deux articles pour le débiter de 5 050 fr. et réunir encore deux articles pour débiter Marchandises de 4 070 fr.

Un grand nombre de comptables, et ceux surtout des entreprises où la comptabilité résume un très-grand nombre d'opérations, remédient à ces inconvénients en passant par un seul article toutes les opérations de la journée. Pour cela, ils commencent par énumérer les comptes débiteurs et inscrivent la somme totale due par chacun d'eux; le total, égal à la somme des opérations, est inscrit dans une première colonne de caisse. Ensuite on énumère les articles créditeurs, on mentionne la somme due par chacun d'eux et on relève le total dans une seconde colonne de caisse. Comme le total des crédits doit être égal au total des débits, le comptable trouve dans la comparaison des deux sommes un moyen de vérification journalière.

Passons en cette forme les articles ci-dessus. Nous écrirons:

——————— Du 10 mars 18.. ———————

Les Suivants aux Suivants, fr. 18 220, savoir :

Caisse.	2 500 »		
C, de	3 050 »		
B, de	4 000 »		
Marchandises	4 070 »	18 220 »	
Effets a payer.	3 000 »		
Profits et Pertes.. . .	100 »		
Portefeuille.	1 500 »		
A C, de		2 600 »	
A Portefeuille. . . .		1 500 »	
A Caisse..		5 120 »	18 220 »
A Marchandises.. . .		3 000 »	
A B, de		4 000 »	
A Effets a payer.. .		2 000 »	

Dans les maisons où on emploie habituellement cette forme abrégée de rédaction, on dit, non sans raison, que les écritures sont vérifiées chaque jour. L'addition, page par page, des deux colonnes du journal présente une seconde vérification.

Les avantages et les inconvénients de cette forme de rédaction sont faciles à indiquer. L'inconvénient le plus apparent est de transformer le journal de telle manière qu'il ne puisse plus servir à fournir des renseignements sur le détail des opérations; mais cet inconvénient est peu sensible lorsque les opérations se trouvent détaillées avec soin à la main-courante et sur les livres auxiliaires. Quant au reproche adressé à cette manière de rédiger, d'introduire de la confusion dans les écritures, nous ne pouvons absolument ment l'admettre, parce que les articles ainsi rédigés ne sont pas moins clairs dans leur ensemble que sur la main-courante et présentent au contraire, d'une manière plus nette et plus facilement intelligible, le résultat général des opérations.

Il est certain que cette forme de rédaction exige un certain travail préparatoire et une attention soutenue du comptable qui tient le journal. Mais nous considérons cette circonstance comme un avantage, parce que ce travail ne peut être évité et qu'il est difficile de le faire à un moment plus opportun que celui de la rédaction du journal.

En effet, si l'on adopte la pratique ordinaire de totaliser en un seul chiffre tous les articles qui doivent être portés soit au crédit, soit au débit d'un même compte, au grand-livre, il faudra faire ce travail au moment où on transportera les articles du journal au grand-livre. Or, si on attend ce moment pour le faire, on perd une opportunité de vérification, parce qu'on n'a pas besoin de rechercher si la somme des articles du crédit est égale à la somme des articles du débit, tandis qu'avec la formule : « les Suivants aux Suivants, » cette vérification est faite nécessairement et sans peine lors de la rédaction du journal.

Dans la pratique, on le voit, la forme de rédaction qui fait du journal une sorte de main-courante est préférable dans les maisons qui passent un petit nombre d'articles par jour et qui ne veulent pas employer certains livres auxiliaires. La rédaction résumée que nous venons de citer, à titre d'exemple, se trouve préférée dans les maisons où le nombre des articles est tel qu'il faut diviser le travail entre les employés et se servir amplement de livres auxiliaires. Dans ces maisons, le journal, tenu par le principal comptable, résume et contrôle toutes les écritures ; la tenue du grand-livre, préparée par la rédaction du journal, ne présente aucune difficulté et peut sans danger être confiée à un subalterne.

IV. — Applications de la tenue des livres.

§ 1. — MANUFACTURES.

Après avoir étudié avec attention l'exposé qui précède de la méthode des parties doubles, le lecteur doit comprendre que cette méthode s'applique facilement à toutes les entreprises commerciales et industrielles, quelle que soit leur variété.

Nous avons choisi un exemple dans le commerce de détail et des métaux. Il est évident, à première vue, que les formules que nous avons employées peuvent, sauf quelques légères modifications, être adaptées à tous les genres de commerce. Mais on comprend généralement un peu moins comment les parties doubles peuvent être mises au service du manufacturier ou de l'agriculteur pour l'analyse de leurs opérations intérieures et surtout pour la recherche du prix de revient. Quelques explications sur ce point pourront être utiles.

Prenons pour exemple un manufacturier, soit un maître de forges. Ses opérations comme vendeur ou acheteur, comme souscripteur ou preneur de billets et lettres de change ne présentent aucune difficulté, puisque ce sont les mêmes que nous avons rencontrées dans la maison de commerce. Comme celle-ci, il aura, s'il le veut, son compte Installation, qu'il appellera « Hauts Fourneaux » ou « Laminoirs, Fours à puddler, etc., » s'il veut le subdiviser, et dont il déterminera de son mieux l'amortissement. Mais il a dans ses opérations quelque chose que l'on ne trouve pas chez le commerçant, c'est la transformation des capitaux par fabrication et non plus seulement par échange. C'est cette transformation que nous allons étudier.

Elle consiste invariablement à consommer des matières premières et des capitaux-monnaie employés à payer du travail en un ou plusieurs produits. Fabriquer du drap, c'est transformer en drap des laines et les capitaux qui payent les intérêts et les salaires au prix desquels on obtient le travail qui transforme la laine en drap. En ce cas, le drap est une marchandise que le fabricant acquiert au prix des matières premières, intérêts et salaires dépensés pour l'obtenir.

Dans la fabrication, la plus grande partie des salaires et des intérêts reçoit une affectation spéciale et doit, par conséquent, être portée au débit du produit. Les salaires et intérêts ne peuvent être portés à Frais généraux ou à Profits et Pertes que par les maisons qui ne cherchent pas à se rendre compte de leur prix de revient.

Supposons un maître de forges qui veuille savoir ce qu'il fait le plus exactement possible et allons à son haut fourneau. Il s'agit de savoir ce que coûte la fonte qui en sort chaque jour.

Pour obtenir cette fonte, il faut consommer du minerai, du charbon, de la castine et de la main-d'œuvre. Voilà pour les frais spéciaux. Si l'on veut obtenir une connaissance exacte de ces frais, il faut remonter plus haut et savoir d'abord ce que coûtent le charbon, le minerai, la castine et la main-d'œuvre.

Ouvrons des comptes spéciaux à Minerais, à Charbons, à Castine et à Main-d'œuvre ou Salaires.

Il entre dans l'usine une partie de minerais, soit 100 000 tonnes. Il y a une facture et des frais de transport à payer : facture et frais de transport sont inscrits au débit du compte Minerais. On procédera de même pour Charbons et Castine.

Pour savoir ce que coûte chaque mesure de charbon ou de minerai ou de castine, il suffit de comparer les sommes inscrites au débit de chacun de ces comptes aux existences entrées et d'en prendre, par une simple division, le prix moyen.

On portera au débit du compte Salaires toutes les sommes payées à titre de salaires aux ouvriers ou commis employés dans l'usine. On portera au débit de Minerais, de Charbons ou de Castine et au crédit de Salaires le prix du travail des ouvriers dans l'intérieur de l'usine qui pourra avoir été appliqué à chacune de ces matières premières.

Maintenant, ouvrons un compte spécial au Haut Fourneau, et, s'il y en a plusieurs, un compte à chacun d'eux avec son numéro d'ordre. Ce compte sera débité des mesures de minerai, de charbon et de castine qu'il aura consommées pendant les vingt-quatre heures, chacune de ces mesures étant évaluée d'après la base indiquée ci-dessus. Il sera débité également des salaires des ouvriers spécialement occupés à apporter au gueulard les matières premières, à faire écouler les laitiers, à couler la fonte en gueusets et la relever.

Ainsi, nos comptes Minerais, Charbons et Castine se trouveraient soldés comme un compte de Caisse, le jour où toutes ces matières seraient consommées entièrement. Leur solde doit présenter la somme de ces matières qui existent dans l'usine au moment de chaque inventaire.

Le compte Haut Fourneau se trouvant débité de tous les frais faits pour obtenir la fonte, on le créditera par un compte spécial ouvert à Fontes. Les évaluations destinées à servir de base aux articles de ce crédit pourront être faites, comme celles des matières premières, d'après les frais spéciaux faits pour produire la marchandise. Il suffira, pour les obtenir, de diviser la somme dont le Haut Fourneau se trouve débité par le nombre de tonnes ou de quintaux de fonte qui en sont sortis dans un temps donné.

Si le maître de forges arrête là ses opérations et vend ses fontes, nous savons que le compte de Fontes n'est autre que le compte Marchandises, que nous connaissons déjà. Mais le maître de forges va plus loin : il fait du fer et la fonte n'est pour lui qu'une matière première. Poursuivons.

Une partie des fontes est livrée aux fours à puddler. Ouvrons un compte spécial à Fours à puddler ou à Laminoirs et créditons par lui le compte Fontes.

Donc nous débiterons Laminoirs par Fontes de toutes les fontes livrées à l'affinage, par Charbons de tous les charbons consommés pour effectuer l'opération et par Salaires du prix de main-d'œuvre des ouvriers qui y auront été spécialement employés. Nous créditerons ce compte par un autre intitulé Fers en barres ou Marchandises, en procédant pour l'évaluation des fers, comme nous avons procédé pour celle des charbons et des fontes.

Si l'on ajoutait à cette fabrication celle du fil de fer et des pointes ou celle des machines, on suivrait sans peine toutes ces opérations et on relèverait le résultat de chacune d'elles au moyen de l'ouverture de comptes spéciaux.

A l'inventaire, nous savons que les comptes Charbons, Minerais, Castine, Fontes, Fers en barres ne sont que des subdivisions du compte Marchandises et doivent être traités comme nous avons traité celui-ci. Les comptes Haut Fourneau et Laminoir doivent être soldés ou présenter pour solde la valeur des matières qu'ils ont reçues et qu'ils n'ont pas encore rendues. Ces matières peuvent être restituées pour ordre aux comptes qui les ont fournis.

Mais s'il y a des déchets? Il ne peut y en avoir que par suite d'erreur des personnes qui auront constaté les quantités reçues et livrées ou par des soustractions. C'est au chef à vérifier et à aviser. Le comptable passera ces déchets par Profits et Pertes.

On remarquera sans doute qu'en suivant la méthode que nous venons d'indiquer, les matières et marchandises sont évaluées d'après leurs frais spéciaux seulement. Cela suffit au chef d'usine, qui connaît ses frais généraux et sait les répartir sans peine sur les produits définitifs. Mais si on voulait pousser plus loin les recherches au moyen des livres de comptes, on le pourrait facilement. On débiterait chaque mois ou chaque année, par exemple, le compte Haut Fourneau de l'amortissement, des frais d'entretien

et des capitaux engagés dans les magasins à charbon, dans la soufflerie et dans le haut fourneau lui-même et aussi des intérêts des
capitaux engagés dans les approvisionnements de matières. On
porterait au débit du compte Laminoirs l'amortissement et les frais
d'entretien des fours à puddler et des laminoirs, comme aussi l'intérêt des capitaux engagés dans ces appareils et dans les amas de
matières premières. Alors il faudrait évidemment évaluer à un
prix plus élevé les fontes et les fers inscrits au débit des comptes
qui portent ces noms et au crédit de Haut Fourneau et de Laminoirs.

La méthode des parties doubles se prête ainsi, à volonté, à toutes
les recherches relatives au prix de revient, sans jamais altérer
ses procédés. Chacun de ses comptes représente un personnage
qui reçoit certaines valeurs à la charge de les restituer ou tout au
moins d'en rendre compte. Au moyen de ce procédé unique, toute
personne qui a une idée nette des opérations peut obtenir tous
les renseignements qu'elle désire.

§ 2. — AGRICULTURE.

Les comptes d'ordre, nous venons de le voir, sont plus nombreux dans les manufactures que dans le commerce, parce que
les opérations y sont plus compliquées et exigent une analyse
plus minutieuse. L'agriculture comporte des comptes d'ordre encore plus nombreux ; mais en compensation elle n'a guère de
comptes personnels, ni de comptes d'effets à recevoir ou à payer.

Voyons comment pourront être établis les livres d'un fermier.

Il a des instruments de travail, tels que charrues, bêches,
herses, de la valeur desquels nous pouvons débiter un compte
spécial que nous intitulerons Matériel. Il a des instruments vi-
vants, de la valeur desquels nous pouvons débiter un seul compte
intitulé Bétail, divisible à volonté en autant de comptes qu'il y a
d'espèces diverses de bétail, comme bœufs, moutons, porcs, etc.
Il a des amendements et des engrais dont seront débités deux
comptes portant ces deux noms. Les semences feront aussi l'objet
d'un compte à part. En cours de travaux, on paye des salaires
qui doivent être l'objet d'un compte spécial. Enfin on obtient
des récoltes qui peuvent être portées au débit d'un seul compte

ou au débit de plusieurs, tels que foins, pailles, blés, etc. Supposons que les récoltes, comme le bétail, figurent en bloc à un seul compte.

Ensuite la terre affermée sera divisée en autant de lots qu'il y aura de cultures diverses dans l'année, et ces lots, désignés par des numéros d'ordre, auront aux livres chacun un compte spécial.

Ceci étant une fois établi, les opérations de chaque jour vont sans peine s'inscrire aux livres.

Ainsi un labour est donné à la pièce de terre n° 4. Le compte de Terre n° 4 est débité du prix de journée des laboureurs et des attelages. On en créditera Salaires et Bétail, et, si l'on veut être minutieux, Matériel. — Cette même terre est ensemencée : on la débite de la façon et de la valeur de la semence employée, en créditant Salaires, Bétail et Semences.

Un engrais est apporté sur la Terre n° 5. On la débite de la façon et de la valeur de l'engrais par Salaires et Engrais.

On marne la terre n° 6. On la débitera de la façon et de la marne par Salaires et Amendements. On aura soin de compter le nombre des années pendant lesquelles la marne améliore la terre, et, après avoir crédité Amendements par un compte intitulé Fonds à amortir, de débiter chaque année la Terre n° 6 du montant d'une annuité.

On débitera Bétail, non-seulement du prix d'achat, mais du prix des pailles et fourrages consommés à l'étable et du salaire des bergers et autres ouvriers employés à soigner le bétail : on le créditera par Engrais, par les pièces de terre où auront été employés les attelages, et par Caisse, lorsqu'une vente aura lieu.

Le compte Récoltes sera débité de toutes les récoltes que la terre aura produites. Il sera crédité par Caisse, par Portefeuille ou par un acheteur du prix des récoltes vendues, par Bétail des pailles et fourrages, par un compte intitulé Dépenses de maison de toute la partie des récoltes affectée à l'alimentation du fermier, et par Salaires de ce qui sera donné en nature aux ouvriers employés sur la ferme ou consommé par eux.

Si l'agriculteur joint à la culture proprement dite d'autres opérations industrielles, comme distillation, fabrication de fécule, etc., il appliquera facilement à cette branche de ses travaux les procédés de comptabilité que nous avons indiqués lorsqu'il s'est agi d'un manufacturier. Ainsi, par exemple, il débitera un compte appelé Distillerie des betteraves qui auront été livrées à la distillation, de la main-d'œuvre et des matières consommées pour distiller : il créditera le même compte des alcools et des pulpes fournis, par un compte Alcools, qui sera crédité lors de la vente et par un compte Pulpes, qui sera crédité par Bétail ou par Engrais, selon que les pulpes seront employées comme fourrage ou comme engrais.

On trouvera sans aucun doute que la comptabilité du fermier cultivateur est minutieuse et rebutante par ses détails, comme aussi par l'exiguïté des sommes à inscrire chaque jour. Mais lorsqu'on l'entreprend avec un peu de soin, on la trouve fort simple et très-intéressante. Les opérations de chaque jour sont inscrites à une main courante tenue en forme de journal. Ensuite elles sont relevées au journal et au grand-livre par semaine, par quinzaine ou même par mois. — En réalité, la tenue des livres du cultivateur n'est pas pénible et elle lui fournit des renseignements d'une très-grande utilité.

L'inventaire du fermier agriculteur ne présente d'ailleurs aucune difficulté. Les comptes Amendements, Engrais, Bétail, Récoltes, Alcools, etc., sont des subdivisions du compte Marchandises et doivent être traités comme nous avons traité celui-ci. Le compte de chaque pièce de terre qui présente au fermier les résultats détaillés de sa culture peut être soldé, si l'on évalue la récolte d'une terre au montant exact des frais spéciaux de culture ; mais on peut, si on le désire, évaluer la récolte au prix courant du marché et solder ces comptes par Profits et Pertes.

Il semble au premier abord que ces deux manières de passer écriture doivent donner des résultats très-différents, et cependant elles donnent exactement le même. Voici, par exemple, la terre n° 2 qui produit une partie de récolte que nous évaluons à 20, parce que les frais faits pour l'obtenir se sont élevés à 20. Le compte de cette terre est soldé. Si la récolte avait été évaluée à 30, valeur de marché, la terre n° 2 présenterait un solde créditeur de 10, qui serait porté à Profits et Pertes. Mais si la récolte, évaluée à 20, entre pour 20 au débit du compte Récolte, il est clair que ce compte profitera de la plus-value de 10 qui se trouvera lors de l'inventaire ou de la vente, pour être portée, avec toutes les autres du même genre, au crédit du compte Profits et Pertes. Mieux vaut, pour la facilité des calculs, porter les produits à leur prix de revient, jusqu'à ce qu'ils soient effectivement vendus, de manière à n'avoir à solder, lors de l'inventaire, que les comptes d'existences, comme Récoltes, Bétail, etc.

Mais cette manière commode de passer les écritures présente un inconvénient sérieux, qui est de ne pas montrer le résultat de chacune des grandes opérations. En effet, si j'inscris du fourrage ou des matières premières, des betteraves par exemple, au prix de revient spécial, je confonds les profits de la culture proprement dite avec ceux de l'engraissement du bétail ou de la distillerie et j'attribue peut-être à la culture un résultat dû aux opérations qui la suivent, ou au contraire. On évite cet inconvénient en portant les betteraves au prix courant du marché, tant au débit de Récoltes qu'au débit de Bétail ou de Distillerie, et cette manière de passer écriture est plus conforme à la réalité, puisque les récoltes peuvent être vendues, sans prendre dans la ferme une forme nouvelle. — La même observation s'applique aux engrais.

Avant d'aller plus avant, tâchons de répondre à quelques questions.

Comment évaluer des gerbes de blé que produit une terre avant de savoir ce qu'elles rendent en blé et en paille? Si on les évalue d'après le débit du compte de la pièce de terre, au prix coûtant, nulle difficulté. Si, au contraire, on veut les évaluer au prix de marché, il faut entrer dans une évaluation un peu arbitraire.

Quel compte supportera les frais de battage? Voulez-vous connaître exactement ces frais? Vous aurez un compte intitulé Batteuse ou Battage, qui sera débité des gerbes livrées pour être battues et des frais, puis crédité par Récoltes, ou, si ce compte est subdivisé, par Pailles et par Blés. Ne tenez-vous pas à connaître le montant exact des frais de battage et à séparer sur vos livres les pailles des blés? Vous débiterez le compte Récoltes des frais de battage, et vous le créditerez des pailles, lorsqu'elles passeront aux étables, et des blés, lorsqu'ils seront vendus ou livrés à la consommation.

Revenons à l'inventaire. Tous nos comptes d'ordre débités

d'objets à évaluer sont des subdivisions du compte Marchandises. On évalue leurs existences; on crédite ces comptes par Bilan de la valeur de ces existences, et on les balance par Profits et Pertes. Quant aux comptes d'ordre tels que Terre, Distillerie, etc., qui n'ont point d'existences, on les solde par Profits et pertes directement, lorsqu'on ne les a pas soldés tout d'abord par l'évaluation au prix de revient des objets dont ils ont été crédités.

Mais les comptes ouverts aux diverses pièces de terre, qui nous présentent très-clairement les frais spéciaux de culture et leur produit, ne nous donnent pas le prix de revient effectif des récoltes, puisque les frais généraux ne s'y trouvent pas compris. Ces frais généraux sont le prix du fermage de la terre, les contributions foncière, personnelle et mobilière, l'intérêt du capital roulant et le salaire personnel du fermier et de sa famille ou, si l'on veut, son compte Dépenses de maison. Ces Frais généraux vont, à l'inventaire, se solder au débit de Profits et Pertes.

Cette exposition de la tenue des livres d'un fermier cultivateur montre l'ignorance de ceux qui demandent ou prétendent dire quel est dans un grand pays le prix de revient de l'hectolitre de blé. En effet, ce prix ne peut jamais être fourni directement par la comptabilité. Il faudrait, pour l'obtenir, relever les quantités de récoltes de chaque espèce produites par la ferme, les évaluer et répartir entre elles, au marc le franc, les frais généraux. On obtiendrait par ce moyen un prix de revient un peu arbitraire et fictif, quoique à peu près exact, *pour une ferme*. Mais comme le fermage varie pour chaque ferme et comme le mode de culture varie aussi, le prix de revient d'une localité n'est le même que celui de l'autre que par exception et par hasard.

Toutefois il importe beaucoup à l'agriculteur de connaître ses frais spéciaux de culture, et des livres bien tenus les lui montrent avec une parfaite exactitude.

Nous avons supposé l'agriculteur fermier. Mais il est souvent propriétaire. En ce cas, il devra ouvrir un compte spécial à la terre ou ferme. Ce compte sera débité de la somme à laquelle la ferme aura été évaluée et de tous les travaux d'amélioration, tels que drainage, creusement de canaux d'irrigation, etc., qui y auront été faits. On pourra, si l'on veut, le créditer par Frais généraux d'un fermage d'évaluation, afin d'avoir le compte exact des frais de la culture proprement dite.

A l'inventaire, le compte Ferme resterait débiteur du prix de la terre et serait débité par Profits et Pertes du fermage porté à son crédit. On le solderait par Profits et Pertes, si l'on voulait se rendre compte du résultat des travaux d'amélioration.

On observera que, dans ce système, le fermage, inscrit d'abord au débit de Frais généraux, est porté à l'inventaire au crédit de Profits et Pertes. On pourrait donc supprimer ce fermage, sans altérer les résultats généraux présentés par les livres; mais en le supprimant, il ne faudrait pas oublier qu'il fait partie des frais généraux réels et doit figurer dans l'évaluation du prix de revient effectif des récoltes ou, ce qui revient au même, déduit du produit général de la ferme.

La comptabilité du cultivateur propriétaire ne diffère d'ailleurs en rien de celle du fermier.

V. — Établissement, en cours d'exercice, d'une comptabilité.

Il arrive fréquemment, dans les rangs inférieurs du commerce et de l'industrie, qu'une maison qui n'avait pas tenu de livres en forme régulière ou qui avait une comptabilité en partie simple ou mixte, veut améliorer ses écritures et établir une comptabilité exacte. Ce nouvel établissement, opération toujours délicate et minutieuse, exige beaucoup d'attention.

Quant à la marche à suivre, elle est simple et invariable : il faut commencer par un inventaire général et complet de l'actif et du passif de la maison, sous toutes les formes, et prendre cet inventaire pour point de départ. C'est le seul moyen de s'assurer que les comptes qui vont être ouverts comprendront bien tout l'actif et tout le passif.

Si l'inventaire est la condition préliminaire indispensable de l'établissement d'une comptabilité régulière ou de la substitution de comptes bien tenus à une comptabilité informe, il n'est pas nécessaire, lorsqu'il s'agit seulement de modifier une comptabilité bien tenue, par l'introduction de nouveaux comptes ou de nouveaux livres. Nous avons montré plusieurs fois, dans les exemples que nous avons cités, comment les comptes pouvaient être réunis ou subdivisés, même en cours d'exercice, sans que la comptabilité cessât d'être régulière. La plupart des comptables aiment mieux cependant, lorsqu'ils le peuvent, n'introduire de modifications graves dans leurs comptes et dans leurs livres qu'à la suite d'un inventaire ; et nous ne pouvons que les approuver, parce qu'en agissant ainsi on opère plus sûrement. On court moins risque de se tromper au moment où l'esprit est occupé de l'ensemble de la comptabilité de l'entreprise que lorsqu'il est engagé dans les détails uniformes des inscriptions courantes.

VI. — Observations générales.

Si nous avons exposé clairement les procédés de la tenue des livres en partie double, le lecteur comprend que cette méthode, avec ses principes bien définis, très-clairs et très-fixes, avec ses formules de rédaction à peu près constantes, se prête avec une extrême facilité à la satisfaction des besoins si variables des diverses branches d'industrie et des diverses maisons dans chaque branche. Elle est pour l'entrepreneur d'industrie un serviteur docile, toujours prêt à porter la lumière sur les points intéressants et à laisser dans l'ombre les détails inutiles, sans cesser en aucun cas de présenter avec clarté les résultats d'ensemble.

Il serait facile, en multipliant les exemples, de remplir des volumes de modèles de livres très-nombreux et très-différents les uns des autres, qui présenteraient pourtant le caractère commun de rendre un compte exact des résultats généraux des opérations et de fournir les renseignements que l'on veut en obtenir et pas davantage. Mais ces développements ne seraient pas à leur place ici, puisqu'il ne s'agit que des principes généraux. Celui qui connaît bien ces principes ne saurait rencontrer dans la pratique aucune difficulté qu'il ne puisse vaincre sans trop de peine avec un peu de réflexion. Il suffit donc ici de faire brièvement quelques observations générales.

Dans l'usage de la tenue des livres, il convient d'éviter quelques abus auxquels les comptables n'échappent pas toujours.

Le premier est un attachement invincible à une routine donnée, attachement tel qu'il répugne à la clôture d'un compte d'ordre ancien, à l'ouverture d'un compte nouveau et qu'il attribue à la désignation de ces comptes une importance très-exagérée. Le comptable routinier et superstitieux appliquerait volontiers les mêmes comptes aux maisons les plus différentes et subordonnerait la direction de la maison à la comptabilité, tandis que la comptabilité et la tenue des livres doivent être rigoureusement subordonnées à la direction industrielle.

Entre les comptables routiniers, on peut placer souvent les comptables novateurs, qui, ayant introduit quelques changements dans la pratique courante, s'y attachent avec passion et veulent partout les appliquer, sans tenir compte des besoins spéciaux des différentes maisons. Une de ces innovations, qui n'est pas sans valeur, mérite d'être signalée et examinée, c'est celle du *Journal-Grand-Livre*.

Un assez grand nombre de comptables ont imaginé d'établir sur un même registre le journal et le grand-livre. Dans ce but, ils ont fait fabriquer des registres très-larges, généralement oblongs, réglés par une colonne de dates à gauche, suivie d'un espace égal à celui que présente un journal ordinaire pour inscrire l'opération. Cet espace est suivi à droite et sur les deux pages d'autant de doubles colonnes de caisse que le papier peut en contenir, dix ou douze, par exemple.

Chacune de ces colonnes de caisse est affectée à un des comptes qui figurent sur les grands-livres ordinaires. Pour chaque compte, la première colonne de caisse à gauche est destinée à l'inscription des articles qui constituent le compte débiteur et la seconde à l'inscription des articles qui le constituent créditeur.

L'avantage cherché par l'introduction du journal-grand-livre consiste en ceci, que le comptable embrasse d'un seul coup d'œil tous ses comptes sur la même page et voit facilement, par l'addition qu'il doit faire pour le report à la fin de chaque page si le Doit et l'Avoir des divers comptes se balancent exactement.

Mais cet avantage est chèrement acheté. En effet, quelle que soit la dimension donnée au journal-grand-livre et les incommodités qui en résultent, on ne peut y inscrire qu'un assez petit nombre de comptes, ce qui oblige le plus souvent, soit à tenir des livres auxiliaires supplémentaires, soit à réunir en un seul compte plus d'articles qu'il ne convient à l'intérêt de l'entreprise. Il faut en ce dernier cas que le chef de la maison sacrifie à la fantaisie du comptable des renseignements qui lui seraient utiles et que la tenue de livres ordinaires lui fournirait sans peine.

Le journal-grand-livre n'admet qu'un petit nombre de détails, à moins qu'on ne le laisse presque tout en blanc. — Enfin, il exige du comptable une attention extrême, puisque rien n'est plus facile que de commettre une erreur dans cette multitude de colonnes toutes semblables et d'inscrire à l'une l'article qui appartient à l'autre. Alors, comment éviter les grattages qui, d'après la loi et un usage très-respectable, ne doivent jamais être pratiqués sur un journal?

En somme, si le journal-grand-livre peut être toléré par un petit nombre de maisons placées dans des conditions exceptionnelles, nous ne saurions le considérer comme une innovation recommandable et nous croyons que, dans le plus grand nombre des cas, ses inconvénients sont très-supérieurs à ses avantages et qu'il doit être écarté des maisons désireuses d'avoir leurs livres bien tenus.

Si l'on doit se servir de livres auxiliaires pour éclaircir la comptabilité tenue au moyen d'un journal-grand-livre, il vaut mieux le suppléer lui-même par un livre auxiliaire et laisser aux livres principaux la forme ordinaire.

Le livre auxiliaire qui peut remplacer le journal-grand-livre est un livre de soldes, disposé exactement comme le journal-grand-livre, avec cette seule différence qu'après la colonne des dates il n'y a sur les deux pages qu'une série de doubles colonnes de caisse auxquelles on inscrit chaque jour, à chaque compte, la somme des articles qui le constituent débiteur et créditeur. On obtient par ce moyen tous les avantages du journal-grand-livre et on en évite les graves inconvénients.

Il faut prendre garde d'ailleurs d'apporter plus de luxe qu'il n'est nécessaire dans la tenue des livres et de multiplier les écritures inutiles. La clarté et l'exactitude des résultats généraux sont l'essentiel : on peut sacrifier aussi très-utilement du temps et du travail à subdiviser et détailler, lorsque les détails que l'on sépare et relève peuvent éclairer le chef d'entreprise. Mais il n'y a nulle sagesse à se complaire dans la multiplicité des comptes d'ordre sans nécessité, ou dans des résumés laborieux, à faire de l'art pour l'art en un mot. Le vrai comptable a soin de ne négliger aucune écriture utile, mais il se garde d'écrire une seule ligne inutile.

Nous avons montré comment la tenue des livres pouvait être employée à constater et à montrer à l'œil la situation véritable d'une entreprise industrielle en même temps qu'à présenter l'histoire de ses opérations. Mais il ne faut pas ajouter une foi aveugle aux livres les plus régulièrement tenus, parce qu'ils n'expriment tout au plus que la pensée de ceux qui les font écrire et peuvent prendre facilement une apparence mensongère, sans qu'aucune opération y ait été omise.

Ainsi une maison qui croira avoir intérêt à exagérer ses bénéfices ou à dissimuler ses pertes pourra surévaluer ses marchandises à l'inventaire ou simplement ne tenir aucun compte des dépréciations qu'elles auront subies : ou bien elle n'amortira que peu ou point les capitaux employés en appropriations, machines, etc.; ou bien elle continuera de porter comme bonnes des créances devenues douteuses ou absolument mauvaises. Quelque bonne que soit la tenue des livres, elle n'a pas par elle-même la vertu de faire disparaître ces moyens de tromper.

La tenue des livres, en effet, ne constate que les transmissions et les transformations de capitaux. Elle ne peut constater que les capitaux transmis à telle personne et dus par elle sont perdus : elle ne peut pas constater davantage que des marchandises, des machines, des bâtiments, qui n'ont subi aucune transformation appréciable, ont perdu de leur valeur.

C'est aux chefs de maison, c'est à ceux qui veulent le devenir en achetant des suites d'affaires qu'il convient d'écarter ces causes d'erreur et d'étudier les choses en elles-mêmes et non pas seulement dans les livres de commerce. Ceux-ci ne rapportent après tout que ce qu'on leur a dicté et ne présentent au vrai la situation de la maison qu'autant que les existences de toute sorte qui constituent l'actif ont été évaluées avec intelligence et inscrites de bonne foi à l'inventaire.

Ces appréciations sont au-dessus des attributions du comptable simple teneur de livres et en dehors de ses attributions. Sa fonction n'est pas d'apprécier : elle est d'inscrire ponctuellement et avec exactitude les opérations faites et d'avoir soin que ses livres, proprement et régulièrement tenus, lui fournissent en peu de temps et avec peu de travail une balance de vérification exacte, chaque fois qu'elle pourra être demandée.

DEUXIÈME PARTIE

COMPTABILITÉ

—

I. — Applications de la partie double aux grandes entreprises

On peut comprendre sans peine comment les principes de la partie double s'appliquent dans toutes les maisons où une seule personne suffit à tenir tous les livres et même dans les maisons où les livres auxiliaires sont confiés à un petit nombre d'employés. Mais lorsqu'il s'agit de maisons immenses, comme quelques banques, où les livres occupent jusqu'à des centaines de personnes, comme les chemins de fer où la même comptabilité doit constater toutes les opérations qui naissent de l'administration d'un capital d'un milliard ou davantage, il est absolument indispensable de recourir à des moyens dont les maisons ordinaires n'ont pas besoin. Il est clair, en effet, que nul comptable ne pourrait suffire à l'inscription détaillée au journal de toutes les opérations d'entreprises aussi considérables.

On a imaginé divers procédés fort simples qui ont permis d'appliquer la partie double aux plus grandes entreprises comme aux plus petites. Essayons d'indiquer comment on procède à mesure que s'agrandit l'entreprise dont on tient les comptes.

Lorsque les comptes d'une maison acquièrent du développement, on commence par partager les livres entre les employés. L'un tiendra le livre de magasin, l'autre le livre d'effets à recevoir, l'autre la main-courante ou le grand-livre, tandis que le chef de la maison ou le principal comptable tient le journal.

Lorsqu'un livre prend trop d'importance et qu'un employé ne peut plus suffire à le tenir, on divise ce livre. Ainsi, pour le livre d'effets à recevoir, on affectera un registre à ceux payables à Paris, un autre à ceux payables dans les départements et un autre à ceux payables à l'étranger. On pourra sans peine subdiviser encore ces trois subdivisions, s'il est nécessaire, et subdiviser encore chaque subdivision en distinguant les billets des lettres de change, ou bien en considérant les noms des cédants et en inscrivant ceux qui commencent par telle ou telle lettre sur un registre particulier.

Ainsi, dans les maisons où il y a plusieurs caisses, chacune d'elles a un livre de caisse particulier, et dans les maisons même où il n'y a qu'une caisse, une personne chargée des menues dépenses reçoit de temps en temps pour y suffire une somme de l'emploi de laquelle elle rend compte chaque semaine, chaque quinzaine ou chaque mois, époque où les dépenses de la *petite caisse*, comme on l'appelle, sont totalisées et inscrites en une seule somme au livre de caisse proprement dit.

Dans les maisons où les opérations sont assez nombreuses pour qu'une branche seulement suffise à occuper un certain nombre d'employés, on aura autant de mains-courantes que de branches d'occupations et toutes ces mains-courantes iront se centraliser en un même journal.

Pour que les employés chargés des mains-courantes puissent travailler sans interruption sans que ceux de la comptabilité générale chargés de relever les opérations constatées aux mains-courantes cessent d'opérer librement, on a imaginé d'affecter deux registres à chaque main-courante, l'un pour les lundis, mercredis et vendredis, l'autre pour les mardis, jeudis et samedis. Le lundi, pendant que les opérations du jour sont constatées sur la main-courante, la comptabilité générale relève au journal celles du samedi précédent. Le mardi, les opérations sont inscrites sur le registre où se trouvaient celles du samedi, pendant que le comptable chargé du journal relève sur l'autre registre les opérations du lundi et ainsi de suite pendant toute l'année.

On dit à tort en ce cas que les mains-courantes sont tenues par *pair et impair*, comme si l'un des deux registres était affecté aux opérations des jours pairs, tels que 2, 4, 6, etc., de chaque mois, tandis que l'autre serait affecté aux opérations des jours impairs. On alterne simplement le travail sur ces livres, et comme ils ne sont pas ouverts le dimanche, les opérations y sont inscrites comme nous venons de l'indiquer.

Lorsque les comptes à inscrire au grand-livre se multiplient à ce point qu'il serait difficile ou impossible que deux employés travaillant, l'un au journal, l'autre au grand-livre, suffissent à les inscrire, on divise journal et grand-livre.

Ainsi dans les grandes maisons de banque, le journal proprement dit mentionne en un seul compte et en un seul article par jour toutes les opérations auxquelles donnent lieu les comptes courants. Mais ces comptes courants font eux-mêmes l'objet d'un journal et d'un grand-livre spécial ou de plusieurs journaux et de plusieurs grands-livres. On aura, par exemple, un journal et un grand-livre pour les comptes courants de Paris, un journal et un grand-livre pour les comptes courants de province, un journal et un grand-livre pour les comptes courants de l'étranger, et l'on comprend sans peine que ces divisions pourraient être subdivisées au besoin.

Comme l'inscription des articles au grand-livre est ordinairement plus longue que l'inscription au journal, on peut diviser les grands-livres, en affectant par exemple un registre aux comptes commençant par une des lettres comprises entre A et K et un autre registre aux lettres comprises entre L et Z. Lors même que les comptes courants donneraient lieu à l'emploi de plusieurs journaux et grands-livres auxiliaires, on comprend sans peine que le total des opérations de chaque jour puisse être inscrit en une seule somme au journal général, ou tout au plus en autant de sommes et de comptes qu'il y a de journaux auxiliaires.

En banque, on divise fréquemment le journal en deux. L'un est tenu en la forme ordinaire par le chef de comptabilité, l'autre par le caissier principal. Celui-ci relève sur les brouillards de caisse les recettes et payements effectués dans la journée, et les inscrit en forme de journal, en les rattachant aux comptes auxquels ils appartiennent.

Souvent, au lieu de journaux auxiliaires, on se contente de simples mains-courantes, dont les articles, rédigés en forme de journal, sont portés directement aux grands-livres auxiliaires et totalisés par jour pour la comptabilité générale.

Les journaux auxiliaires sont tenus par registres doubles pour lundi, mercredi et vendredi et pour mardi, jeudi et samedi, comme nous venons de l'indiquer pour les mains-courantes. Pendant que l'employé chargé de les tenir travaille sur celui du jour, l'employé chargé du grand-livre relève ceux de la veille sur l'autre registre.

On voit comment, au moyen de journaux et de grands-livres auxiliaires, les opérations et les comptes d'une entreprise peuvent se développer indéfiniment sans cesser d'être inscrits et centralisés en totaux sur un seul journal et sur un seul grand-livre.

Grâce à ce procédé et aux subdivisions qu'il rend faciles, on peut simplifier le travail de la comptabilité centrale à ce point que celui qui la dirige tienne habituellement sans peine le journal général et son grand-livre. En effet, les comptes généraux sont en petit nombre et s'élèvent rarement à plus de vingt dont chacun ne présente jamais plus d'un article par jour. Aussi le travail du chef de comptabilité est-il surtout un travail de direction, de vérification et de contrôle. C'est lui qui propose au directeur de l'entreprise l'ouverture des journaux auxiliaires; c'est aussi lui qui désigne les employés chargés de les tenir et surveille constamment leur travail en relevant lui-même les totaux qu'ils ont inscrits et en les vérifiant avant de les transcrire.

L'ensemble de ces moyens très-simples permet de développer une comptabilité au point d'y constater les détails les plus minutieux de l'entreprise la plus étendue, comme aussi de résumer avec précision et sûreté l'ensemble des opérations, sans s'écarter sérieusement des principes simples et uniformes de la partie double. La comptabilité devient un instrument souple et docile qui peut prendre les formes les plus variées, selon la nature des entreprises auxquelles on l'applique, comme aussi selon l'intelligence, le caractère et les vues des personnes qui s'en servent.

II. — Préceptes généraux pour l'établissement d'une comptabilité.

Il serait imprudent de donner pour l'établissement d'une comptabilité ce qu'on est convenu d'appeler des *règles*, c'est-à-dire des préceptes fixes et généraux. Il n'y a point d'autres règles, à proprement parler, que les principes mêmes de la partie double. Cependant on peut formuler en quelques préceptes généraux les maximes qu'observent les comptables les plus distingués pour établir et conduire une tenue de livres.

1° Pour établir judicieusement une tenue de livres, il faut connaître parfaitement la nature de l'entreprise à laquelle elle doit s'appliquer, afin d'adapter la comptabilité aux besoins spéciaux de cette entreprise. C'est pourquoi il convient que les chefs ou directeurs d'industrie connaissent assez bien la comptabilité pour pouvoir établir leurs livres par eux-mêmes, ou tout au moins pour comprendre et discuter ceux que leur comptable principal pourrait leur proposer.

2° Les livres doivent recueillir et mettre en lumière les détails qui intéressent le chef d'entreprise et relever sommairement ceux qu'il considère comme sans intérêt. — En effet, plus on exige de détails d'une tenue de livres, plus elle coûte. Il convient d'en retrancher tout ce qui est inutile ou propre seulement à satisfaire la curiosité. C'est au jugement du chef d'entreprise à décider quels sont les détails dont la connaissance lui est nécessaire et quels sont ceux qu'il lui suffit de connaître par masses.

3° Il suit de là que plus une entreprise est étendue, plus la comptabilité doit être minutieuse, parce que, dans une entreprise étendue, le chef ne peut guère connaître les détails autrement que par les livres, tandis que le chef d'une maison moins importante peut avoir une connaissance personnelle et directe des détails qui le dispense de les étudier dans ses livres.

4° Il y a d'autres motifs pour que les grandes entreprises exigent généralement une comptabilité plus détaillée que les petites. Dans les grandes entreprises, le nombre des intéressés auxquels il est nécessaire de rendre compte est plus grand. Il faut recourir pour les opérations à un plus grand nombre d'employés dont une comptabilité détaillée aide à surveiller la gestion.

5° Dans l'établissement des livres d'une grande entreprise, il convient de diviser le travail de telle façon que celui de l'un serve à contrôler celui de l'autre, et que les deux employés dont le travail se contrôle soient aussi éloignés que possible l'un de l'autre

6° Les opérations qui intéressent les tiers doivent être constamment à jour, même à la comptabilité générale. Les opérations intérieures et d'ordre doivent être au jour et à l'heure sur les livres de notes ou mains-courantes; mais il n'y a pas d'inconvénient à ce qu'elles soient relevées moins fréquemment, par semaine, par exemple, ou même par mois, à la comptabilité générale.

Tels sont les préceptes généraux qu'on peut recommander hardiment, sans dissimuler les difficultés que présente leur parfaite observation. En comptabilité, comme dans tous les arts auxquels s'applique l'intelligence de l'homme, il y a du médiocre, du bon, et le mieux est toujours possible. Il est facile de présenter des modèles d'arrangements de livres, existants ou imaginés, comme exemple et comme exercice. Mais il convient de ne jamais perdre de vue que tel modèle, fort bon peut-être pour le cas spécial auquel il a été destiné, ne saurait être, bien souvent, employé sans inconvénient, même dans une entreprise du même genre et devrait, pour s'y bien adapter, subir quelques modifications.

Le bon comptable doit savoir inventer sans cesse, s'il en est besoin, et ne jamais être assez pauvre de ressources pour s'attacher avec entêtement à un arrangement invariable et à une formule unique.

III. — De quelques problèmes spéciaux.

Les principales difficultés que rencontre le comptable sont celles auxquelles donnent lieu la recherche du prix de revient, les comptes de Capital et d'Amortissement dans les sociétés par actions, les comptes courants, les affaires en commission et en participation.

Nous allons étudier successivement ces divers problèmes et indiquer les procédés qui nous semblent les meilleurs pour les résoudre.

§ 1. — RECHERCHE DU PRIX DE REVIENT.

Commençons par recommander à l'entrepreneur, qu'il soit commerçant, manufacturier ou agriculteur, de régulariser, contre la pratique ordinaire, son compte personnel dans l'entreprise. La plupart des chefs de maison prennent dans leur caisse les sommes nécessaires à leurs dépenses personnelles, un peu sans compter, et passent ces sommes par Profits et Pertes. Cette pratique est mauvaise, parce qu'elle tend à rendre obscur le résultat des opérations. En effet, si le chef a prélevé peu de chose, le compte Profits et Pertes peut présenter un solde créditeur sans que l'entreprise ait rien gagné, tandis que si les prélèvements ont été considérables, le solde de Profits et Pertes peut être débiteur, lors même que l'entreprise aurait gagné.

Le chef de maison qui veut se rendre un compte exact de ce qu'il fait procède autrement. Il évalue ses services personnels au prix du marché, c'est-à-dire au prix qu'il pourrait en obtenir s'il se présentait comme employé chez un entrepreneur, et les intérêts du capital engagé par lui dans l'entreprise. Un compte intitulé *Levées*, *Prélèvements*, ou portant le nom de l'entrepreneur, est crédité par Profits et Pertes du salaire et des intérêts dus à celui-ci; il est débité de toutes les sommes prises par l'entrepreneur dans l'entreprise.

Lors de l'inventaire, quelle que soit la situation de ce compte, le solde de Profits et Pertes présente le résultat réel des opérations; car, si le chef de maison a pris plus qu'il ne lui était dû, il figure comme débiteur; s'il a pris moins, il figure comme créancier. En tout cas, il est certain que l'entreprise lui doit une somme fixe et que le résultat général des opérations d'exercice ne peut dépendre de ce qu'il a prélevé plus ou moins, pas plus qu'il ne peut dépendre de ce que l'entreprise a prêté ou emprunté plus ou moins à des tiers.

Venons maintenant à quelques prix de revient spéciaux.

Commerce. — La plupart des maisons de commerce ne s'occupent pas dans leurs comptes de la recherche du prix de revient. Elles se bornent, le plus souvent, à établir un compte Marchandises qu'elles débitent de tous les frais que coûte l'acquisition des marchandises diverses sur lesquelles elles opèrent et qu'elles créditent à chaque vente du prix des marchandises vendues, comme nous l'avons indiqué dans la première partie. Lorsque vient l'inventaire, on crédite le compte Marchandises de la valeur estimative de toutes les marchandises qui existent en magasin, puis on solde par Profits et Pertes.

On sait bien en ce cas que le solde, habituellement créditeur, du compte Marchandises, représente la différence totale des prix d'achat et des prix de vente. Mais on ignore ce qu'a coûté et produit chaque espèce de marchandises, et le plus souvent on va sur la foi des habitudes et on ne cherche pas à savoir davantage.

Lorsqu'on veut étudier le prix de revient des marchandises diverses, il est indispensable d'ouvrir un compte à chacune d'elles; il est même nécessaire d'ouvrir un compte à part aux marchandises de même nature, mais de qualités diverses, parce que leurs prix, tant à l'achat qu'à la vente, sont différents.

Ceux qui poussent aussi loin les recherches sont, en général, des marchands en gros opérant sur un petit nombre d'articles, et désireux d'avoir dans leur comptabilité générale un moyen de contrôler le livre de magasin. Pour cela, ils inscrivent au compte spécial de chaque espèce de marchandises, dans une colonne intérieure, les quantités entrées au débit et les quantités sorties au crédit, et évaluent, tant à l'entrée qu'à la sortie, chaque marchandise au prix de revient. Un compte de vente, spécial à chaque marchandise, est débité, au moment de la vente, par le compte d'existences au prix de revient, et par Profits et Pertes de la différence. Il est crédité par Caisse ou Portefeuille, lorsque la marchandise est vendue contre espèces ou contre effets, et par l'acheteur, lorsque la marchandise est vendue à terme.

Soit une partie de 1 000 kilog. d'indigo reçue au Havre et revenant, tous frais compris, à 11 fr. le kil. On débitera le compte Indigo de 11 000 fr. Vend-on 100 kil. d'indigo à 14 fr., on crédite ce compte de 1 100 fr. par Ventes d'indigo, en même temps qu'on débite celui-ci de 300 fr. par Profits et Pertes. On crédite le compte Ventes d'indigo de 1 400 fr. par la Caisse, ou par le Portefeuille, ou par l'acheteur, selon le cas.

Si les livres sont ainsi établis, le compte Ventes d'indigo sera toujours soldé, et le solde du compte Indigo présentera la valeur, à prix coûtant, des indigos restant en magasin. Le récolement que l'on pratiquera lors de l'inventaire ne servira qu'à constater si les faits se trouvent conformes aux livres.

Il pourrait arriver qu'une seconde partie d'indigo, même marque et même qualité, fût obtenue à un prix différent, à 12 fr. le kil., par exemple. En ce cas, il faudrait voir quelle quantité des indigos anciennement achetés reste en magasin, et, joignant son prix à celui porté sur la dernière facture, calculer le prix moyen des existences et créditer en conséquence le compte chaque fois qu'une vente serait effectuée.

On peut aussi, et nous préférerions cette méthode comme plus sommaire, créditer Indigo des 1 400 fr. et le débiter en même temps de 500 fr. par Profits et Pertes. On ferait ainsi disparaître, sans inconvénient grave, le compte un peu parasite Ventes d'indigo. Le solde du compte Indigo ne présenterait pas moins la somme que coûtent les indigos existant en magasin.

Les personnes qui adoptent cette manière de tenir les livres évaluent invariablement leurs marchandises au prix de revient et ne constatent les plus-values ou moins-values, par Profits et Pertes, qu'au moment des ventes. Elles prétendent ainsi ne constater que les gains ou les pertes effectifs, sans tenir compte des variations de cours qui n'ont encore produit ni gain ni perte, puisqu'elles n'affectent que des marchandises qui n'ont pas encore été vendues.

Cette méthode est bonne en elle-même et recommandable quand il s'agit d'étudier le prix de revient; mais on ne doit l'employer qu'avec précaution lorsqu'il s'agit d'apprécier exactement une situation. J'ai acheté, il y a six mois, pour 50 000 fr. de marchandises; il en reste **pour** 10 000 fr.; mais elles ne sont plus de mode, et, sur le marché, je n'en trouverais que 5 000 fr. Il est clair que, si je ne tiens pas compte de cette moins-value à mon inventaire, je me fais illusion sur le résultat de mes opérations et je me figure avoir 5 000 fr. que je ne possède pas effectivement. Sans doute, lorsque je vendrai ces marchandises, je constaterai la perte; mais cette perte frappera un exercice auquel elle n'appartient pas en réalité. Du reste, il peut résulter de cette façon de compter un inconvénient plus grave, c'est que, sous l'impression de la répugnance naturelle qu'on éprouve à reconnaître une perte, je néglige de vendre et garde des marchandises, qui deviennent un capital mort, pour conserver un peu plus longtemps mes illusions.

La même question se présente lorsque les marchandises sur lesquelles on opère sont des titres, tels que rentes, actions ou obligations de chemins de fer. La valeur de ces titres varie par l'effet de l'opinion, ou parce que le taux de l'intérêt s'élève; elle varie aussi parce que le revenu produit par ces titres augmente, ou diminue, ou devient nul. On peut sans inconvénient bien grave négliger les variations qui naissent des premières causes : on ne pourrait sans aveuglement négliger les variations de valeur qui tiennent à la seconde cause.

Lorsqu'on étudie les prix de revient, la méthode qui consiste à inscrire toutes les marchandises au prix coûtant jusqu'à leur vente ou consommation effective est excellente, à la condition qu'on ne se laisse pas aller aux illusions qu'elle suggère et qu'on la corrige rigoureusement à l'inventaire, au moins par un article transitoire, qui serait contrepassé à la réouverture des livres. Mais le procédé le plus court et le plus simple consiste à créditer, pour moins-value, le compte marchandises par Profits et Pertes, comme si l'on diminuait d'autant le prix coûtant des marchandises, et à inscrire ensuite celles qui se vendent d'après ce nouveau prix de revient.

Quant aux plus-values de marchandises, il n'y a jamais d'inconvénient à attendre, pour les constater, qu'elles soient réalisées par une vente.

La plupart des maisons ont l'habitude de débiter le compte Marchandises au moment où elles reçoivent avis de l'expédition des marchandises qu'elles ont achetées. Si l'on veut que la comptabilité générale reproduise l'état du magasin, cette manière de passer écriture doit être rectifiée, avec d'autant plus de raison que les marchandises peuvent s'égarer en route, éprouver des accidents ou avaries et peuvent arriver aussi avec des différences de qualité, des déficits de poids et de volume qui ouvrent des contestations. Sans doute ces inconvénients sont couverts, en définitive, par des articles qui créditent Marchandises par Profits et Pertes des moins-values, ou par les vendeurs, par Caisse ou Portefeuille des indemnités obtenues; mais il est plus régulier d'avoir un compte de Marchandises en route qu'on débite au moment de recevoir facture de la valeur des marchandises achetées, qu'on crédite par Profits et Pertes des dommages éprouvés et par les vendeurs, par Caisse ou par Portefeuille des rabais ou indemnités. On ne porte, en ce cas, au débit du compte Marchandises que les objets qui sont entrés réellement en magasin et on les inscrit à leur prix de revient réel, de manière à balancer exactement le compte Marchandises en route

Manufactures. — L'étude des prix de revient de l'industrie manufacturière impose à la comptabilité des détails nombreux, mais très-utiles et même indispensables au maintien de l'ordre dans les grandes usines. Ces détails, du reste, n'ont rien de fictif et ne s'écartent pas le moins du monde du but de la comptabilité, qui est de constater les entrées, les sorties et aussi les transformations de capitaux.

Voici, par exemple, une fonderie de fonte de fer en deuxième fusion accompagnée d'un atelier de constructions mécaniques. Les matières premières qu'elle emploie sont la fonte en gueusets, la castine, la houille et le coke, les sables à mouler et les sables réfractaires. Chacune de ces matières aura son compte séparé, que l'on débitera des matières entrées, au prix coûtant, et que l'on créditera, au même prix, des matières sorties. Il en sera de même des matériaux accessoires exigés par les constructions, tels que tôles, cuivres, etc.

Supposons que l'usine ait deux machines à vapeur, l'une pour la soufflerie des fourneaux et forges, l'autre pour les tours, machines à raboter et autres.

On ouvre les livres par un bilan qui constate les existences en matières premières, en mobilier d'usine et qui énumère les grands appareils fixes dont chacun, si on le désire, a aussi son compte ouvert.

On commence le travail dans une halle à mouler, pourvue de son fourneau ou de ses fourneaux, et on débite cette halle des sables à mouler et des houilles moulues, qui lui sont livrés au prix coûtant, augmenté des frais spéciaux de transport ou de mouture. Le compte Halle à mouler est débité en ce cas du prix coûtant primitif par Sables et Houilles et de l'accroissement de ce prix par Salaires.

Un certain nombre d'objets sont moulés sur des modèles que nous supposerons venus du dehors, pour ne pas nous encombrer de détails. Le fourneau est allumé et reçoit coke, fonte et castine. On crédite les comptes de ces matières des quantités qui lui sont livrées, et le compte Houilles des quantités livrées à la machine à vapeur, toujours au prix coûtant. La fonte est jetée dans les moules et les pièces sont faites.

Quel est le prix de revient spécial de ces pièces?

Considérons ensemble celles qui ont été jetées en sable le même jour.

Elles coûtent : 1° le prix du coke brûlé pour les obtenir ; 2° le prix de la houille, de l'huile et de la main-d'œuvre consommés par la machine à souffler ; 3° la main-d'œuvre des ouvriers employés au fourneau et dans la halle à mouler ; 4° les salaires spéciaux des mouleurs ; 5° le prix de la fonte jetée dans le fourneau, sous déduction des jets et résidus divers ; 6° enfin, une somme quelconque de sable nécessaire pour recommencer l'opération.

Eh bien, la comptabilité, qui a déjà inscrit les premiers articles au débit de Halle à mouler, inscrit de même les suivants, ainsi que les frais nécessaires pour ébarber les pièces. Une fois cette inscription terminée, le débit du compte Halle à mouler donne exactement le prix de revient spécial des pièces retirées des moules. Ce compte sera soldé par un autre compte intitulé Fontes moulées, au débit duquel on inscrit les pièces au prix coûtant.

Qu'a constaté la comptabilité en ouvrant et soldant le compte Halle à mouler ? La transformation des capitaux qui, entrés sous la forme de houilles, de fontes, de castine et de salaires payés en espèces, sortent sous la forme de fontes moulées. On sait, en effet, que le compte Salaires, qui a été crédité des frais de main-d'œuvre occasionnée par ces fontes moulées sera débité et soldé par Caisse.

Si les personnes chargées de tenir les comptes de matières, ainsi que ceux de main-d'œuvre, remplissent leurs fonctions exactement et inscrivent les dépenses ou sorties sur l'heure, à leurs livres de notes ou mains-courantes, on peut savoir ce que coûtent les fontes moulées produites chaque jour : on peut en même temps comparer d'un jour à l'autre la proportion du combustible consommé, à la quantité de fonte fondue, la proportion des pièces manquées ou réussies, la proportion des pièces obtenues comparées à la somme des jets et à celle des déchets, tous renseignements très-importants pour indiquer les vices du travail et faire songer aux perfectionnements dont il est susceptible.

De même, si on tient un compte séparé pour la machine à souffler, débité de la houille, de l'huile, etc., qu'elle aura consommées et du salaire des ouvriers qu'elle occupe, puis crédité par Halle à mouler, on aura le prix de revient spécial de la soufflerie.

Considérons maintenant l'importance de ces comptes. Leurs détails intéressent peu la comptabilité générale : il suffira donc de les y relever en totaux par semaine ou par mois. Mais ces détails intéressent au plus haut degré l'ingénieur qui dirige les travaux ou celui qui en remplit les fonctions : ils doivent donc être consignés jour par jour, avec le plus grand soin, sur des mains-courantes ou livres spéciaux, qui constituent la comptabilité propre de la halle à mouler.

Les pièces de fonte moulée qui ont été retirées des sables n'ont certes pas toutes le même prix de revient, car il y a peut-être des différences dans le prix de façon, des différences dans les jets et déchets, comme aussi dans la qualité des fontes employées. On pourrait donc à la rigueur pousser plus loin les recherches, et c'est ce qu'on ferait s'il s'agissait d'entreprendre un grand nombre de pièces de la même espèce. Mais dans la pratique on se contente généralement de peser ensemble les pièces sorties du même fourneau et d'en relever le prix de revient moyen, au kilogramme.

Voici maintenant les pièces de fonte moulée mises à la charge d'un compte spécial. Il s'agit de s'en servir pour fabriquer des machines, comme, par exemple, un moulin, un laminoir, une machine à vapeur, etc. Chacune de ces machines donnera lieu à l'ouverture d'un compte spécial qu'on débitera : 1° des matières premières employées à la construction de la machine, telles que fontes moulées, fers, cuivres, etc., au prix coûtant ; 2° de la main-d'œuvre employée à travailler ces matières, à les ajuster, à les monter, etc. On peut même à la rigueur partager par jour les frais de consommation et de main-d'œuvre de la machine motrice, des forges, etc., et les porter au débit des machines à la fabrication desquelles ces frais ont servi.

Mais lors même que l'on irait jusque-là, les comptes de chaque machine fabriquée dans l'usine ne donneraient pas son prix de revient total, puisqu'on ne peut inscrire à ce compte que les frais spéciaux et que les frais généraux restent en dehors.

Or, ces frais sont considérables. Ils se composent : 1° de l'intérêt du capital fixe et roulant, engagé dans l'entreprise ; 2° des salaires du directeur quel qu'il soit, des commis, comptables, concierges, etc., dont les fonctions se rapportent à l'ensemble des opérations de l'entreprise et non spécialement à quelqu'une d'elles ; 3° des contributions et primes d'assurances, du loyer, si l'usine est louée, etc. ; 4° des frais d'entretien des bâtiments, machines et outils, qui ne peuvent être spécialisés ; 5° de la somme affectée à l'amortissement annuel du capital engagé dans les bâtiments, machines, outils, appareils et instruments de toute sorte ; 6° des ports de lettres, frais de chauffage, d'éclairage, de bureau et autres menues dépenses qu'on ne peut spécialiser.

On ne peut, par conséquent, connaître qu'en fin d'exercice le prix de revient définitif des objets que l'on livre au public. On crédite en attendant chaque compte de machine ou construction terminée du prix de vente, puis, en fin d'exercice et lors de l'inventaire, quelques maisons au lieu de solder par Profits et Pertes le compte de Frais généraux, le soldent par les comptes des divers objets fournis, en répartissant la somme des frais généraux entre ces comptes, au prorata du débit de chacun d'eux. On les solde ensuite par Profits et Pertes.

Mais cette manière de compter n'est pas admise par le plus grand nombre. On se contente généralement d'évaluer d'avance, et d'après l'expérience de l'année précédente, les frais généraux à tant pour cent, que l'on ajoute au débit de chaque objet vendu. On comprend cependant que cette évaluation, fondée sur l'hypothèse que la fabrication d'une part et la vente de l'autre donneront le même total que l'année précédente, ne sont que des approximations.

La plupart des grandes usines laissent à leurs ingénieurs le soin de faire sur feuilles volantes, s'il leur convient, le décompte de l'application des frais généraux à chaque objet ou à chaque série d'objets fabriqués et vendus : elles se contentent d'inscrire les frais spéciaux et de balancer par Profits et Pertes. Cette pratique donne en définitive les mêmes résultats que l'autre, car si, d'une part, le compte Profits et Pertes est chargé de tous les frais généraux, il est crédité du solde de tous les comptes de marchandises vendues.

On trouve un avantage dans cette manière de tenir les comptes : c'est de présenter à l'intelligence un résultat plus net. En effet, les prix de vente ne peuvent pas, on le comprend, se régler sur les prix de revient spéciaux de telle ou telle usine. Il arrivera fréquemment que tel ou tel objet, une machine à vapeur, par exemple, se vendra à 40 p. 100 au-dessus du prix de revient spécial, tandis qu'un moulin, un laminoir, ou même une autre machine à vapeur se vendront à 15 p. 100, seulement au-dessus de ce prix de revient. Si les frais généraux moyens s'élèvent à 25 p. 100 de la totalité des prix de revient spéciaux, il semblera à ceux qui pratiqueront la première méthode que la maison a perdu à la vente des objets qui ont produit 15 p. 100 seulement au-dessus de leur prix de revient spécial. Cependant, non-seulement la maison n'aura rien perdu par cette vente, mais elle aura gagné.

Il convient que la comptabilité manifeste autant que possible les choses telles qu'elles sont. Or, que se passe-t-il en réalité dans les affaires? On fonde une maison de commerce ou d'industrie dont l'établissement et la tenue exigent une certaine somme de frais généraux. Ces frais, on tâche de les couvrir et au delà par la vente des divers articles sur lesquels on opère. Mais il n'existe aucun motif pour que ces articles contribuent également à couvrir les frais généraux; il suffit qu'ils y contribuent pour une part quelconque pour qu'il n'y ait nul motif de refuser de les vendre.

Prenons un exemple dans l'atelier de construction dont nous avons parlé plus haut. On peut entreprendre la construction d'une machine dont le prix de vente ne laissera que 5 p. 100 de contribution aux frais généraux. Convient-il ou non de l'entreprendre? Oui, si on peut le faire sans ajouter aux frais généraux, car la part, quelle qu'elle soit, des frais généraux qu'aura supportée cette machine sera couverte, tandis qu'elle ne le serait pas si on refusait de la construire.

Il convient donc que la comptabilité présente au compte de chaque espèce de marchandises les frais spéciaux que cette marchandise a coûtés et rien de plus, de telle sorte que le solde du compte à l'inventaire présente la contribution des marchandises qui y figurent aux frais généraux de l'entreprise. Le prix spécial de revient présente au chef de maison le chiffre auquel il doit absolument se refuser à vendre. Il doit chercher sans cesse les moyens d'abaisser ce prix, mais s'il ne le peut et si les prix de vente se rapprochent trop du prix de revient spécial, il faut renoncer à l'entreprise et liquider.

Il est un cas dans lequel le manufacturier doit éprouver une certaine perplexité : c'est celui où une commande entraîne comme conséquence nécessaire un accroissement de matériel. Ainsi on demandera une machine, ou un pont, ou une construction quelconque à l'atelier que nous avons pris pour exemple. S'il consent à l'entreprendre, il faut construire, au préalable, des appareils, augmenter, par exemple, le mobilier d'usine. Comment devra-t-on passer écriture de cette augmentation de matériel?

Il s'agit d'engager et d'exposer aux dépréciations un nouveau capital et d'ajouter, par conséquent, aux frais généraux de l'usine. On peut accepter cet accroissement et débiter le compte Matériel de la somme dépensée et en porter l'amortissement, en la forme ordinaire, aux frais généraux. On peut aussi considérer cet accroissement du matériel, quelque utile qu'il puisse être plus tard à d'autres constructions, comme faisant partie des frais spéciaux de la construction commandée et, en ce cas, on débitera le compte de cette construction de la totalité ou de la plus grande partie des frais faits pour l'accroissement du matériel.

Cette dernière façon de compter est infiniment plus prudente que l'autre. Car, si on cède à la tentation constante d'augmenter le matériel, on peut y immobiliser un capital qui manquera dans la caisse et dans le portefeuille et demeurera exposé à des dépréciations. Mais si l'on compte autrement dans un petit atelier, on devra refuser fréquemment des commandes, ce qui est un autre inconvénient. C'est au chef de maison à se décider, selon sa situation et ses convenances. Mais il convient toujours que ses comptes lui disent la vérité, lui attestent qu'il a immobilisé un nouveau capital et augmenté ses frais généraux, lorsque le prix de vente de l'objet exécuté n'a pas suffi à couvrir leur augmentation par un bénéfice considérable.

En général, on doit recommander le compte d'amortissement d'une façon toute particulière à la vigilance des manufacturiers. Il convient toujours, dans les premières années et dans celles de prospérité, de faire une large part à ce compte, afin de ne pas se laisser égarer par les illusions qui résulteraient d'une diminution apparente des frais généraux. Il convient de considérer tout capital engagé dans des constructions et dans un matériel à destination spéciale comme très-exposé à perdre sa valeur et devant, par conséquent, être réduit en peu de temps à la valeur des matériaux. Le plus souvent, en effet, il ne vaudrait pas davantage si la liquidation de l'entreprise devenait nécessaire.

Il n'est pas indispensable que les prix de revient soient toujours spécialisés autant que possible, et l'on peut sans inconvénient réunir dans un même compte tous les objets de même nature. C'est ce qu'on fait naturellement dans les maisons dont la fabrication consiste à produire un grand nombre d'exemplaires d'un même type, comme les filatures, les papeteries, les usines à fer, etc., et dans celles où l'on fait en gros le commerce d'un petit nombre de marchandises achetées et vendues par grandes quantités. On peut réunir, lorsqu'on le juge convenable, plusieurs types en un seul compte, ou même toutes les marchandises sur lesquelles on opère, moins une ou deux sur lesquelles se portent l'attention et l'étude du chef de maison.

Lorsqu'on applique la comptabilité à l'agriculture, on a surtout pour objet l'étude du prix de revient, et c'est vers cette étude que tend toute comptabilité agricole un peu bien dirigée. Nous en avons indiqué un exemple dans notre première partie [1] et nous croyons inutile d'en présenter d'autres, tout en recommandant aux professeurs et aux élèves de faire sur cette matière intéressante des exercices nombreux.

Répétons pour les agriculteurs-propriétaires l'observation que nous avons faite au sujet des manufactures. Lorsqu'ils construisent des édifices, même nécessaires à l'exploitation, il convient de leur ouvrir un compte d'amortissement qui réduise promptement leur débit aux livres à la valeur qu'ils pourraient, en cas de vente de la propriété, y avoir ajoutée. — Le fermier doit de même amortir sur ses livres son mobilier agricole, s'il veut se rendre un compte exact du résultat de ses opérations.

Il n'y a qu'une recommandation générale importante à faire sur la tenue des comptes destinés à faire ressortir les prix de revient, c'est de débiter invariablement ces comptes par le prix coûtant et de les créditer au même prix toutes les fois que l'objet dont il s'agit passe d'un compte à un autre sans être vendu.

Dans les recherches relatives au prix de revient, comme dans

[1] Voy. p. 76 et suivantes.

toutes les autres, la comptabilité est un instrument, une sorte de miroir qui reproduit exactement les faits auxquels ou l'applique et qui rend des services proportionnés à l'habileté de celui qui s'en sert.

2. — OBSERVATIONS SUR QUELQUES COMPTES.

Salaires. — On a pu remarquer, dans notre courte étude du prix de revient, l'importance du compte affecté à la main-d'œuvre et que nous avons intitulé Salaires. Ce compte est débité des sommes payées, sous quelque forme que ce soit, aux ouvriers et employés de la maison en rémunération du travail qu'ils ont fourni à l'entreprise; il est crédité du prix de tout le travail qui peut être spécialisé par les comptes qui représentent des marchandises ou des façons. Le solde, toujours débiteur, que ce compte présente à l'inventaire exprime les sommes payées pour travail affecté aux frais généraux, tel que celui des comptables, ingénieurs, inspecteurs, etc. — Ce solde est passé par Profits et Pertes.

On peut aussi, et c'est la pratique de maisons très-soigneuses, passer chaque mois par Frais généraux toutes les sommes payées pour travail non spécialisé. En ce cas, le compte que nous avons intitulé Salaires se trouve toujours soldé à l'inventaire.

Quant aux livres auxiliaires sur lesquels se recueillent les éléments du compte Salaires, ils varient avec les genres d'industries et les habitudes d'atelier. Il y a des livres de journées, des livrets de travail aux pièces, réglés comme des livres de caisse, à la page droite desquels on inscrit le travail fourni, tandis qu'on inscrit à la page gauche les sommes payées pour à-compte ou pour solde. Il y a des livres d'émargement pour les salaires payés au mois, et ces livres, comme ceux des journées, ont un espace où l'on inscrit les avances faites pendant la quinzaine ou pendant le mois. Ces livres et livrets, tenus quelquefois par des contre-maîtres, quelquefois par des surveillants ou même par des ingénieurs, sont habituellement contrôlés, soit par le chef de la maison, soit par une personne préposée à cet effet, avant que les totaux qu'ils fournissent soient relevés par la comptabilité générale.

Les avances sont ordinairement faites par la petite caisse et les comptes individuels sont généralement soldés à l'époque fixée pour le payement, à la fin la semaine, de la quinzaine ou du mois.

Immeuble. — Lorsqu'on achète un immeuble ou lorsqu'on fait construire un édifice dont on veut savoir au juste le coût et les frais d'entretien, on lui ouvre un compte qui est débité de toutes les sommes dépensées pour lui. Ce compte, subdivision de Marchandises, est crédité, soit par des sommes prélevées sur les profits généraux de la maison et qu'on suppose affectées à amortir le prix de l'immeuble, soit par la vente de cet immeuble. Si l'immeuble est loué ou affermé, on le débite des contributions, frais d'entretien, etc., et on le crédite des fermages, puis on le traite à l'inventaire comme le compte Marchandises.

Navires. — De même, lorsque l'on construit un navire, on lui ouvre un compte spécial que l'on débite de toutes les sommes payées pour sa construction et que l'on crédite par des articles d'amortissement à l'inventaire, ou du prix de vente s'il est vendu, ou du prix payé par l'assurance s'il vient à se perdre.

On ouvre aussi aux navires des comptes d'Armement, lorsqu'on tient à savoir exactement ce que coûte chaque armement. Ces comptes sont débités de toutes les sommes que l'armement a coûtées.

Les comptes d'armement sont crédités par les comptes de désarmement. Ces derniers sont habituellement relevés sur le compte que présente à son retour le capitaine d'un navire et se trouvent débités de tous les frais faits par lui durant son voyage pour le compte de l'armateur et crédités de toutes les sommes reçues pour l'armateur, ainsi que des existences à bord.

Les comptes d'armement et de désarmement deviennent moins usités et on les remplace avec avantage par les comptes de voyage des navires. On va, par exemple, expédier à Calcutta le navire *le Goëland*, du Havre. On lui ouvrira un compte intitulé : *le Goëland, premier voyage.* Ce compte sera débité des sommes payées pour armer et équiper le navire, pour l'assurer, pour entretenir le capitaine et l'équipage pendant la traversée, et généralement des frais faits pendant le voyage, tels que payement de droits dans les ports de relâche, réparations, emprunts à la grosse, etc. Ce compte sera débité également du prix des marchandises qui y seront chargées au compte de l'armateur lui-même. Par contre, on le créditera de toutes les sommes payées pour prix de fret ou de passage par les chargeurs ou voyageurs, comme aussi du prix des marchandises vendues pour le compte de l'armateur. Un article d'amortissement inscrit au débit du compte exprimera la dépréciation du navire par l'effet du temps et de l'usage et un compte d'intérêt complétera l'énumération des frais faits. On créditera ce même compte des sommes payées par les compagnies d'assurances pour réparations.

Au retour du navire, on pratique le récolement des existences à bord, on en crédite le compte et on solde par Profits et Pertes. Le solde exprime le résultat avantageux ou défavorable du voyage du navire.

Les armateurs qui louent ou affrètent les navires d'autru ont des comptes d'affrétement qu'ils créditent du prix d'affrétement énoncé au contrat, appelé *charte partie*, et débitent des sommes payées en exécution de ce contrat. Les affréteurs portent le prix payé pour affrétement ou loyer du navire au débit de son compte de voyage.

Les marchandises que l'on consigne ou reçoit en consignation font aussi l'objet de comptes particuliers. La maison K, de Boston, consigne à la maison H, du Havre, une partie de marchandises, du riz, par exemple. La maison de Boston ouvrira sur ses livres un compte intitulé Consignation chez H, du Havre. Ce compte sera débité de la valeur des marchandires consignées et des frais, tels que commissions, courtages, frais de magasin, de douane, etc. Il sera crédité des traites faites sur le consignataire ou des remises fournies par lui. Ce compte peut aussi être tenu, chez celui qui consigne, comme les comptes de commission, dont nous parlerons plus loin.

La maison du Havre ouvrira un compte intitulé Consignations de K. Ce compte sera débité de tous les frais causés par la consignation et des acceptations ou payements de lettres tirées par K; il sera crédité du prix des marchandises vendues.

§ 3. — DISCUSSION DES INVENTAIRES.

La comptabilité présente en fin d'année le résultat des opérations effectuées et la situation réelle de la maison à laquelle elle appartient, mais à une condition, c'est qu'elle soit tenue avec intelligence et bonne foi. On peut d'ailleurs se dissimuler à soi-même, ou dissimuler aux autres, la réalité d'une situation commerciale, sans cesser d'avoir une comptabilité fort bonne et très-régulière, avec des balances de vérification parfaitement exactes et des inventaires bien balancés.

Si l'on veut connaître la réalité d'une situation et ne pas se faire illusion à soi-même ni se laisser imposer une illusion par autrui, il faut discuter avec soin chaque article des inventaires que l'on établit soi-même ou de ceux que présente une maison qui veut emprunter ou céder une suite d'affaires.

Nous ne parlerons pas des maisons qui, pour obtenir du crédit ou céder une suite d'affaires, inscrivent sur leurs livres des opérations qui n'ont jamais eu lieu. Il y a dans cette façon de procéder une cause d'erreur que l'étude des livres ne peut guère faire reconnaître. Du reste, ces maisons sont heureusement en très-petit nombre.

Mais il existe un grand nombre de maisons qui, sans inscrire sur leurs livres des opérations imaginaires, font ressortir à leurs inventaires des bénéfices exagérés ou dissimulent des pertes éprouvées, même sans qu'il y ait toujours mauvaise foi de leur part. On peut de même, et cela s'est vu, dissimuler des bénéfices ou montrer des pertes qui n'existent pas, afin d'acheter, par exemple, à bon marché les actions d'une compagnie ou employer le moyen opposé pour les vendre cher.

Les causes d'erreur à l'inventaire peuvent être réduites à deux, savoir : 1° évaluation inexacte des marchandises, ou d'un matériel ou mobilier d'usine, ou de l'usine elle-même; 2° appréciation inexacte des créances actives que possède l'entreprise.

Ainsi, des marchandises auront souffert en magasin une moins-value qui n'est pas constatée; elles seront, par exemple, passées de mode, et on les laissera sur les livres comme si elles avaient toute la valeur de la nouveauté. On n'amortira pas ou l'on n'amortira que d'une manière insuffisante le matériel, le mobilier de l'usine et l'usine. Il est clair qu'en ce cas, l'inventaire présentera des bénéfices plus grands que ceux qui existent réellement, ou même des bénéfices là où la maison a éprouvé des pertes. — On peut, au contraire, si l'on veut, exagérer en mal la situation, forcer les moins-values et élever outre mesure le chiffre de l'amortissement.

On peut de même laisser figurer comme bonnes, sur un inventaire, des créances qui sont en réalité, soit sans valeur, soit d'un recouvrement difficile et douteux. Alors, on peut présenter des bénéfices considérables là où il n'y a que des bénéfices minimes ou même des pertes. Un banquier, par exemple, fait des affaires très-courantes avec une maison de commerce qui lui donne beaucoup de papier à escompter et à recouvrer. Tout à coup, il s'aperçoit que les opérations de cette maison ne sont pas ce qu'il avait cru, il voit qu'elle ne se soutient que par le crédit qu'il lui accorde. Cependant il n'y a sur ses livres et dans sa comptabilité aucune trace de ce changement d'opinion. Il n'y a même nul motif de porter comme douteux ou mauvais le papier de cette maison que le banquier possède, s'il croit prudent de continuer, en les restreignant peu à peu, ses affaires avec elle. Mais il y a des motifs très-sérieux pour ne pas distribuer en dividendes et retirer de la maison de banque les bénéfices constatés et pour créer un fonds de réserve, s'il n'existe pas, ou l'augmenter, s'il existe déjà.

On comprend qu'il est de même facile d'exagérer en mal la situation d'une maison de commerce, en considérant comme mauvaises des créances qui sont bonnes en réalité et en les passant par Profits et Pertes.

L'incertitude est toujours si grande dans les choses humaines, qu'il n'y a jamais d'inconvénient pour le commerçant ou l'entrepreneur, quel qu'il soit, qui opère seul, à exagérer en mal la situation de sa maison et à tout porter au pire. En effet, si l'inventaire exagère cette année l'amortissement, ou les moins-values des marchandises, ou le chiffre des créances véreuses, les bénéfices des années suivantes seront plus considérables : on n'aura fait que différer leur constatation et leur emploi. Telle est la pratique constante des bonnes maisons. Nous en avons vu une passer comme perte une créance de près de 300 000 fr. d'un recouvrement douteux; l'année suivante, la créance rentrait, et les gains de l'année se trouvaient augmentés d'autant.

Mais, lorsqu'il y a dans la maison des associés, et surtout des associés dont le personnel est mobile, comme des actionnaires, il convient de procéder moins largement, si l'on veut être équitable et ne pas faire suivre une année sans dividende d'une année dont le dividende soit énorme, ce qui aurait pour résultat une baisse des actions d'abord et ensuite une hausse, l'une et l'autre consirables, dont les conséquences ne sauraient être justes. C'est pour obvier à ces inconvénients que la plupart des sociétés par actions créent des fonds de réserve auxquels on impute habituellement les gains et pertes de ce genre, afin de rendre plus réguliers et plus constants les dividendes et le cours des actions.

Il y a, on le voit, quelque arbitraire dans la fixation de l'inventaire de toute maison de commerce. Mais cet arbitraire est remarquable, principalement dans celles qui ont en portefeuille un grand nombre de titres, tels que actions, obligations, inscriptions de rente, etc. Ces titres figurent d'abord au prix de revient; puis leur valeur vénale varie, selon le sort de l'entreprise à laquelle ils se rattachent et selon l'opinion qu'ont de cette entreprise les vendeurs et acheteurs qui opèrent sur le marché. Comment évaluer ces titres à l'inventaire, lorsque les cours du marché peuvent varier en un jour de telle sorte que la maison, qui avait un gros bénéfice la veille, soit en perte le lendemain et se retrouve en bénéfice quelques jours plus tard?

Il nous semble qu'en ce cas, il convient de distinguer soigneusement les titres qui produisent un revenu fixe et assuré de ceux qui n'en produisent plus ou qui peuvent cesser d'en produire d'un instant à l'autre. Ces derniers doivent être évalués au plus bas, tandis que les autres peuvent rester au prix coûtant. Mais, quoi qu'on fasse dans ces maisons, les bilans seront toujours très-arbitraires, et il convient, si l'on veut opérer avec quelque sûreté, d'établir des réserves d'autant plus élevées que les opérations sont plus aléatoires.

En somme, il nous semble impossible de formuler des règles générales et fixes pour l'évaluation de l'actif d'une maison dans les inventaires, parce que toute règle aurait des inconvénients dans un certain nombre de cas. L'important était d'indiquer avec clarté la possibilité des évaluations exagérées, soit en bien, soit en mal, les conséquences de ces exagérations et les intérêts illégitimes ou légitimes qui portent à les rechercher ou à les éviter. Ces observations doivent être présentes à l'esprit de quiconque est appelé à discuter un inventaire, et particulièrement des personnes qui se proposent de prendre une suite d'affaires. Ces personnes, en effet, surtout lorsqu'elles sont étrangères au commerce, deviennent très-fréquemment victimes d'inventaires dans lesquels la valeur de l'actif n'a pas subi les réductions qui étaient nécessaires pour la ramener à la vérité.

Il importe aussi beaucoup aux personnes même qui opèrent en toute bonne foi, seules et sans aucune arrière-pensée, de comprendre la nécessité de réduire lors des inventaires la valeur de leur actif, de telle sorte qu'il ne puisse subir aucune moins-value à la réalisation, s'il fallait liquider. Ces réductions sont indispensables pour qu'on puisse apprécier sainement le résultat définitif et réel des opérations, pour dissiper les illusions dangereuses et faire disparaître des bénéfices imaginaires, qu'on ne saurait prélever et dépenser sans affaiblir le capital de l'entreprise.

§ 4. — COMPTABILITÉ DES SOCIÉTÉS.

La comptabilité des sociétés ne diffère de celle des maisons tenues par un seul propriétaire que quant au compte Capital et quant aux comptes des associés eux-mêmes. Ce sont, par conséquent, les seuls dont nous ayons à nous occuper.

L'ouverture des livres d'une maison formée par des associés exige la connaissance des clauses de l'acte de société relatives :

1° A la formation du capital social ;
2° Aux appointements des associés ;
3° Au partage entre eux des bénéfices ou des pertes.

Voyons d'abord comment peuvent être ouverts les livres d'une société en nom collectif et en commandite.

Quatre individus A, B, C, D, s'associent en nom collectif pour fonder une maison de commerce au capital de 200 000 fr. Sur cette somme, 100 000 fr. sont fournis par A, 50 000 fr. par B, 55 000 fr. par C et, 15 000 fr. par D. Ce capital, que doivent constituer les quatre associés, dans les proportions énoncées en l'acte, est dû par eux à la maison de commerce. On commencera donc par ouvrir à chacun d'eux un compte intitulé Notre sieur **A**, son compte de fonds; Notre sieur **B**, son compte de fonds, etc., et on écrira :

Les Suivants à Capital, savoir :

N/ S/ A, s/ c^{te} de fonds.	100 000	
N/ S/ B, s/ c^{te} de fonds.	50 000	200 000
N/ S/ C, s/ c^{te} de fonds.	35 000	
N/ S/ D, s/ c^{te} de fonds.	15 000	

Voilà le capital constitué. Ensuite, quand chacun des associés fournira ce qu'il doit à Capital, il apportera des marchandises, des espèces, des effets ou des créances; il sera, par conséquent, crédité des valeurs fournies par Marchandises, par Caisse, par le Portefeuille ou par le débiteur dont la créance serait acceptée. Si l'un ou plusieurs des associés ne fournissent pas à la constitution du capital tout ce qu'ils ont promis, ils le doivent et en restent débités.

Chacun des associés peut avoir, en outre, avec la société, des affaires particulières, soit comme vendeur ou acheteur, soit, plus fréquemment encore, comme prêteur ou emprunteur. On comprend que ces opérations sont entièrement étrangères au compte de fonds et ne doivent pas y être inscrites. Aussi est-on dans l'usage d'ouvrir à ces affaires, lorsqu'il y en a, un compte courant en la forme ordinaire, réglé, comme tous les comptes commerciaux, par les conventions qui y ont donné lieu.

Supposons, par exemple, qu'il soit convenu que l'associé **A** avancera au besoin, à la société, jusqu'à 200 000 fr. à découvert en compte courant portant intérêt à son profit à 6 %. Ce compte sera tenu comme celui de tout autre correspondant non associé, crédité des sommes fournies par A et des intérêts qu'elles auront produits à chaque trimestre, ou semestre, ou fin d'année, selon les conventions. Ce compte sera intitulé Notre sieur A, son compte courant. On ouvrira, s'il y a lieu, un compte semblable à chacun des autres associés.

On aura probablement réglé, par l'acte de société, la part de chacun des associés dans les bénéfices de la maison. Il peut avoir été convenu, par exemple, que chacun d'eux prélèvera chaque mois une certaine somme pour ses dépenses personnelles, à titre d'appointements. En ce cas, on pourrait, à la rigueur, porter ces prélèvements avec les appointements des commis et les passer directement par Profits et Pertes. Mais comme le code de commerce exige en quelque sorte un compte des dépenses domestiques, il convient d'ouvrir à ces prélèvements un compte à part, qui devra être crédité par Profits et Pertes des termes, soit des douzièmes échus, et débité par Caisse ou par le compte fournisseur, quel qu'il soit, des sommes perçues. On créditera ce même compte par Profits et Pertes de la part de bénéfices, ou on le débitera de la part des pertes qui reviendra à chaque associé. Ce compte serait intitulé : Notre sieur **A**, son compte de levées.

S'il y avait lieu, par suite de pertes éprouvées, de fournir un supplément d'apport, ce supplément pourrait être inscrit indifféremment au crédit de Capital et au débit du compte de Fonds ou au crédit de Profits et Pertes et au débit du compte de Levées.

Les crédits et débits du compte de Levées, comme les débits du compte de Fonds, sont indiqués d'avance et déterminés exclusivement par l'acte de société. Les écritures du compte courant peuvent être réglées par l'acte de société ou par les conventions courantes.

Ainsi, dans une société en nom collectif, chaque associé peut avoir trois comptes distincts, savoir : un compte de fonds, un compte courant et un compte de levées. On pourrait certainement les réunir sans inexactitude, mais non sans une certaine confusion. En effet, il est certain qu'un associé peut libérer son compte de fonds en versant au compte courant des sommes supérieures à celles qu'il a reçues ou en ne percevant pas les levées ou bénéfices auxquels il a droit, comme il peut affaiblir le capital de la société en devenant débiteur, soit à son compte courant, soit à son compte de levées. Mais les écritures sont plus claires et présentent mieux à l'œil la réalité des faits, lorsque chaque associé a deux ou, au besoin, trois comptes que lorsqu'il n'en a qu'un seul.

La comptabilité de la société en commandite ordinaire ne diffère pas du tout, en substance, de celle de la société en nom collectif. Prenons pour exemple la société A, B, C, D, et supposons que A soit commanditaire, tandis que B, C et D seront associés en nom collectif, sous la raison sociale B et compagnie. Les comptes resteront tels que nous venons de les indiquer. Seulement, en cas de perte du capital, les associés en nom collectif pourront seuls être poursuivis par les créanciers sur les biens qu'ils auraient en dehors de la société. Mais comme, en ce cas, la maison de commerce serait liquidée, sa comptabilité n'a pas à s'occuper d'une telle éventualité. En définitive, le commanditaire a les mêmes comptes que l'associé en nom collectif, avec cette seule différence qu'on est dans l'usage d'appeler son compte de fonds Compte de commandite.

Nous devrions maintenant dire quelques mots des prélèvements de bénéfices destinés à constituer des capitaux de réserve, de prévoyance, etc. Mais, comme ces prélèvements sont communs aux sociétés de toute sorte, commençons par examiner la comptabilité particulière des sociétés par actions.

Ces sociétés sont en commandite, anonymes ou simplement à responsabilité limitée.

Dans tous les cas, on ouvre un compte intitulé Actions ou Souscripteurs, et on le débite par Capital de la somme des actions qui doivent être émises pour former la commandite, ou la totalité du capital dans les sociétés anonymes ou à responsabilité limitée. Ce compte est crédité par Caisse des versements effectués et se trouve balancé, lorsque la totalité des versements dus par les actionnaires ont été faits.

Autrefois, on était dans l'usage d'évaluer en actions comme apport, l'industrie du gérant, ou des immeubles, ou des marchandises. L'apport en immeubles ou en marchandises pouvait sans peine être inscrit aux livres d'après les principes que nous venons d'indiquer; on pouvait, en effet, créditer Actions par Marchandises ou Immeuble de la valeur fournie et balancer le compte. Mais la comptabilité ne peut admettre l'introduction d'un capital absolument fictif, comme l'industrie du gérant. On ne pouvait libérer le compte Actions ou Souscripteurs qu'en débitant de la somme attribuée au gérant le gérant lui-même.— Aujourd'hui la pratique de l'apport fictif, en industrie, est abandonnée.

Dans les sociétés par actions, on débite généralement par Capital le compte Actions ou Souscripteurs de la somme que les actions doivent au capital social et on crédite ce même compte, par

Caisse, des versements effectués. Si la totalité des actions a été émise et payée, le compte Actions se trouve et reste soldé.

Mais il arrive très-fréquemment que l'on n'émet pas la totalité des actions ou que l'on n'exige pas des souscripteurs qu'ils versent en une seule fois la totalité du prix des actions. Si l'on n'a qu'un seul compte de souscription, son solde indique la somme des actions non émises ou des versements qui, faute d'appel ou de payement, n'ont pas été effectués. Lorsque l'on désire plus de clarté, on divise le compte.

Ainsi dans le cas d'actions en cours d'émission, dont la totalité n'est pas encore, mais doit être émise, on ouvrira un compte d'*Actions à émettre* qui sera débité par Capital de la totalité des actions et crédité par *Actions émises* de la totalité des actions négociées. Celui-ci se trouve naturellement crédité par Caisse au fur et à mesure des versements.

Si les actions doivent être libérées en deux, trois ou quatre versements, on ouvre un compte spécial à chaque versement.

Ce compte est débité par Actions émises de la totalité de la somme due par les souscripteurs et crédité par Caisse des sommes versées. Le solde du compte de chaque versement indique les sommes restant dues par les souscripteurs.

Quelquefois on n'émet qu'un certain nombre d'actions et l'on réserve le reste pour être émis en certains cas prévus par l'acte de société. En ce cas, on ouvre un compte spécial, intitulé *Actions en réserve*, que l'on débite par Capital et que l'on crédite ensuite par Caisse.

Le compte détaillé de chaque action est tenu sur des livres auxiliaires où se trouve inscrit le numéro de l'action et ensuite, sur la même ligne, son état de libération ou son degré de non-libération. On a l'habitude de délivrer des titres provisoires aux actions non libérées et de ne donner qu'aux souscripteurs libérés des titres définitifs.

Les titres, tant provisoires que définitifs, sont habituellement détachés d'un livre à souche auquel reste attaché le talon de chaque action. C'est à ce talon, employé comme livre auxiliaire, qu'on inscrit l'état de libération ou de non-libération de chaque titre.

On exige quelquefois que les administrateurs de la société

aient un cautionnement en actions, qu'ils laissent, par exemple,
un certain nombre d'actions, soit attachées au livre-souche, soit
déposées dans les caisses de la société et inaliénables pendant
leur gestion. Ces actions doivent faire l'objet de comptes à part
intitulés *Actions déposées* ou *Actions à la souche* ou *Actions en
garantie*. Ces comptes sont débités par le compte des administrateurs du montant des actions déposées ou laissées à la souche
et crédités de ces mêmes actions, lorsque les administrateurs se
retirent. Ce sont de simples comptes d'ordre.

Dans les compagnies, la répartition des bénéfices se trouve
déterminée par l'acte de société auquel la comptabilité doit se
conformer. Les bénéfices d'une entreprise sont de toute nécessité, ou retirés par les propriétaires ou laissés dans l'entreprise
à un titre quelconque. Sont-ils retirés de l'entreprise, on en
crédite le compte de Levées de chaque associé et on en débite
Profits et Pertes. Dans les sociétés anonymes, où l'associé ne
saurait avoir, comme tel, un compte personnel, le compte de
levées est collectif et s'appelle *Dividendes;* mais il est tenu
d'ailleurs exactement comme le compte de Levées de l'associé
en nom collectif ou du commerçant non associé.

Le développement qu'ont pris les sociétés anonymes a donné
lieu à la vulgarisation de certains comptes que l'on considère
ordinairement et à tort comme spéciaux à ces sociétés, mais qui
en réalité se trouvent ou doivent se trouver dans toute entreprise
bien gérée : ce sont les comptes de Réserve et d'Amortissement,
dont nous avons déjà dit quelques mots.

Réserve. — Lorsque, en fin d'exercice, on fait l'inventaire
d'une compagnie, on constate habituellement un chiffre de bénéfices que nous exprimerons par 100. L'acte de société ou un
vote de l'assemblée générale décide que, sur cette somme, 2, 5,
10 ou tout autre chiffre sera affecté à former un fonds de réserve
et demeurera, par conséquent, dans l'actif de la société. Il suffit,
nous le savons, d'ouvrir un compte Réserve et de le créditer par
Profits et Pertes de la part de bénéfices qui lui est affectée.

En créant un fonds de réserve on se propose de conserver un
moyen de parer aux pertes considérables et imprévues que pourrait éprouver l'entreprise, sans l'affaiblir et sans imposer à ses
propriétaires des sacrifices inattendus. Supposons qu'en dix ans

d'exercice on ait formé un fonds de réserve de 100 : dans le courant de l'année suivante, l'entreprise éprouve une perte, et les bénéfices à partager qui, jusque-là avaient été de 90, tombent à 70. S'il n'y a pas de réserve, les propriétaires, qui étaient habitués à recevoir 90, devront se contenter de 70; et s'ils sont actionnaires, leurs actions subiront sur le marché une dépréciation proportionnée à la diminution du revenu. Cet inconvénient est couvert au moyen du fonds de réserve auquel on prend la somme de 20, nécessaire pour maintenir les levées ou le dividende au même chiffre que les années précédentes.

Nous connaissons des entreprises dans lesquelles les propriétaires ne reçoivent que l'intérêt habituel le plus élevé de leurs capitaux, le surplus des bénéfices étant attribué au fonds de réserve : puis, lorsque ce fonds a atteint un certain chiffre, il produit un intérêt qui vient s'ajouter au revenu ordinaire de l'action ou du titre de propriété. Ce mode de procéder, bon dans toutes les entreprises, peut être fort utile dans celles dont le capital est insuffisant.

En tout cas, et quel que soit l'usage auquel on applique les fonds de réserve, le comptable crédite Réserve par Profits et Pertes de la part des bénéfices qui lui revient et débite ce même compte, par Dividendes ou Levées, des sommes qui lui sont prises pour être réparties à titre de bénéfices entre les propriétaires ou, par Capital, des sommes qui seraient affectées à ce compte. Si la partie de la réserve qu'on voudrait capitaliser donnait lieu à l'émission d'actions nouvelles distribuées à titre gratuit aux anciens actionnaires, on débiterait Réserve par Actions.

Lorsque les associés d'une maison en nom collectif laissent dans l'entreprise la somme des bénéfices qui leur revient, on débite de cette somme Profits et Pertes par Levées et en même temps Levées par le compte de fonds de l'associé. — On pourrait créditer directement le compte de fonds par Profits et Pertes, mais alors le compte de Levées ne présenterait plus l'analyse exacte des faits à laquelle il est destiné.

Amortissement. — On donne le nom d'*amortissement* à des prélèvements effectués sur les produits d'une entreprise, afin de couvrir des pertes ou moins-values importantes, prévues ou à prévoir. Ainsi un marchand, qui a fait dans son magasin des frais d'installation considérables et sait qu'ils seront perdus en fin de bail, répartira ces frais sur les années pendant lesquelles son bail doit courir et les passera chaque année, lors de l'inventaire, par Frais généraux ou Profits et Pertes. On dit alors qu'il « amortit » les frais d'installation, et lorsque le compte de ces frais qu'on appellera Établissement, Installation ou même Amortissement sera balancé par les crédits successifs qui lui auront été ouverts par Profits et Pertes, on dira que ces frais d'installation sont « amortis. »

Le manufacturier qui fonde ou approprie une usine et la pourvoit du mobilier exigé par son industrie, sait que, chaque année, ses constructions, ses machines et son mobilier industriel perdent de leur valeur : il sait, en outre, qu'en cas de liquidation ou même de cess'on, il n'en pourrait guère retirer plus que la valeur de ces objets comme matières : il sait enfin qu'une invention peut d'un instant à l'autre diminuer presque autant qu'une liquidation ou un usage prolongé la valeur de ses machines ou appareils. Il y a là une perte à prévoir, assurée au bout d'un certain temps et possible d'un instant à l'autre; il convient de la couvrir au plus tôt par les bénéfices. C'est ce qu'on fait lorsque l'on prélève à chaque inventaire une portion des bénéfices et qu'on en crédite le compte qui, à l'ouverture des livres, a été débité de l'usine ou des machines ou du mobilier industriel. Lorsque ce compte, grâce aux crédits qui lui ont été successivement ouverts par Profits et Pertes, se trouve soldé ou réduit à un solde débiteur qui représente la valeur du terrain et des matériaux, on dit que l'usine ou les machines ou le mobilier industriel sont amortis. En effet, quelle que fût, dans une liquidation, la dépréciation de ces objets, le capital de l'entreprise se retrouverait tout entier et ne serait pas entamé.

Quelquefois on amortit de la même façon une grosse perte accidentelle. Supposons une entreprise qui, par l'effet d'un accident imprévu et qui n'est pas de nature à se renouveler, ait perdu un quart, soit 25, de son capital. Il peut convenir aux propriétaires de répartir cette perte sur cinq ou dix ans, et de la couvrir par des prélèvements à faire sur les bénéfices ultérieurs.

La perte à amortir, qui se sera manifestée par un solde débiteur de Profits et Pertes, sera portée au débit d'un compte spécial que nous appellerons Fonds à amortir ou Amortissement. Ce compte sera ensuite crédité par Profits et Pertes d'une somme déterminée ou indéterminée, à chaque inventaire, jusqu'à ce qu'il soit soldé.

Il peut arriver aussi qu'un gérant de société, ayant un intérêt personnel à exagérer les bénéfices à répartir, dissimule pendant un certain nombre d'années des pertes éprouvées, en portant par exemple comme bonnes, à l'inventaire, des créances qui, en réalité, sont irrecouvrables. Un gérant plus consciencieux vient le remplacer et révèle aux sociétaires leur vraie situation. L'entreprise est bonne en elle-même, mais elle a été mise au pillage, et une grande partie du capital ou le capital tout entier a passé en dividendes. Que faut-il faire? Il n'y a pas lieu d'arrêter l'entreprise. Le mieux serait de remplacer par de nouveaux versements le capital perdu ou d'y suppléer par un emprunt; mais, quoi que l'on fasse, on doit reconstituer le capital. On peut décider que la totalité des bénéfices ou une partie notable des bénéfices sera affectée à cette reconstitution. Que fera le comptable? Il ouvrira un compte de Fonds à amortir, qui sera débité directement par les comptes des mauvais débiteurs des capitaux perdus et crédité successivement par Profits et Pertes des bénéfices affectés à la reconstitution du capital. Une fois ce compte soldé, la reconstitution sera terminée. Si la comptabilité désirait ne pas manifester une situation semblable et cependant y remédier, elle se contenterait de passer à chaque inventaire au débit de Profits et Pertes une partie des créances véreuses, de manière à compenser ainsi les bénéfices réels de l'entreprise et à justifier leur non-distribution. Mais ce mode de procéder manquerait de sincérité, puisqu'il présenterait comme pertes d'un exercice les pertes qui appartiennent à d'autres, après avoir distribué comme bénéfices de ceux-ci des bénéfices qui, en réalité, appartiennent aux derniers.

L'amortissement peut avoir des causes très-diverses sans que sa forme varie. Dans les grandes compagnies comme celles des chemins de fer, par exemple, il y a des cas d'amortissement différents en apparence de ceux que nous venons d'énumérer et de deux sortes, savoir : l'amortissement des obligations et l'amortissement des actions.

Les obligations sont des titres délivrés à des capitalistes qui ont prêté des fonds à la compagnie : il est convenu par le contrat que le porteur de chacun de ces titres recevra annuellement un certain intérêt et qu'un certain nombre de titres seront rachetés annuellement par la compagnie, moyennant payement d'une somme déterminée, de manière à être tous retirés de la circulation au bout d'un certain nombre d'années.

Qu'est-ce qu'une obligation? Un effet à payer. On ouvre donc un compte Obligations en tout semblable au compte Effets à payer d'une petite maison de commerce, et on le crédite par un compte intitulé Amortissement. On débite Caisse par un compte général de dépenses, comme *premier établissement* ou *construction* dans les chemins de fer, des sommes versées par les preneurs. A mesure que le remboursement des obligations s'effectue, le compte Obligations est débité par Caisse des sommes payées et le compte Amortissement est crédité des mêmes sommes par Profits et Pertes.

Il semble que cette forme d'écritures soit quelque peu incorrecte, lorsque la somme affectée, tant au service des intérêts qu'au remboursement des obligations, est une somme toujours égale, de telle sorte que le fonds de remboursement s'augmente chaque année de l'intérêt des obligations amorties. En effet, en ce cas, le crédit d'Amortissement sur Profits et Pertes augmente chaque année ou plutôt chaque semestre : mais il est juste d'observer que le crédit du compte Intérêts se trouve diminué d'une somme exactement égale.

Soient 1 000 obligations émises à 300 fr. et remboursables à 500, produisant par an 15 fr. d'intérêt. Il faudra 15 000 fr. pour le service des intérêts et 5 000 fr., si l'on veut, pour le remboursement de la première année. C'est en tout une annuité de 20 000 fr. à payer. La première année on crédite, par Profits et Pertes Intérêts de 15 000 fr. et Amortissement de 5 000 fr. L'année suivante, il y a 150 fr. d'intérêts de moins à payer, et on laisse cette somme grossir le fonds de remboursement jusqu'à ce qu'on puisse rembourser une obligation de plus. Alors le crédit d'Amortissement sur Profits et Pertes grossit, mais celui d'Intérêts diminue d'autant.

On remarquera que, dans les formes de rédaction que nous proposons, le compte Obligations, qui est une subdivision d'Effets à payer, se comporte exactement comme ce compte, et que la même observation peut s'appliquer à Amortissement, qui est une subdivision de Profits et Pertes. — Le solde d'Obligations indique la somme des obligations qui restent dues et le solde d'Amortissement la somme de capitaux à constituer par un prélèvement sur les produits de l'entreprise.

L'amortissement des actions est une opération différente au fond, mais qui prend à peu près la même forme.

On sait que, dans les chemins de fer français, les compagnies ne sont pas propriétaires des lignes qu'elles exploitent; elles en sont simplement concessionnaires pour un temps déterminé, pour 99 ans, par exemple. Si donc les bénéfices de l'exploitation étaient entièrement partagés en dividendes, la valeur des actions se trouverait anéantie au bout des 99 ans. Pour obvier à cet inconvénient, on prélève à chaque exercice, sur les bénéfices nets, une somme destinée au remboursement au pair d'un certain nombre d'actions. Cette somme est calculée de façon à ce que, jointe au produit de l'intérêt composé des actions remboursées, elle suffise au remboursement de toutes les actions dans le délai de la concession. Cependant, les actions remboursées au pair, qui n'ont plus droit à aucun intérêt, ne cessent pas d'avoir leur part proportionnelle dans le dividende proprement dit. Voilà des faits que la comptabilité doit inscrire avec les formules qui lui sont propres.

La manière la plus simple et la plus directe de passer écriture du remboursement des actions, consiste à débiter Capital par Caisse de toutes les sommes payées pour cette cause. En effet, dans cette opération, l'entreprise restitue le capital qui lui avait été confié, et une fois ce remboursement terminé, il est naturel que le compte Capital se trouve soldé. Mais les comptables, qui aiment à laisser le compte Capital immobile, peuvent préférer ouvrir un compte appelé Actionnaires, qu'ils débitent par Caisse, pendant les exercices, des sommes payées à titre de remboursement aux actionnaires, sauf à solder ce compte, soit à l'inventaire, soit seulement à la liquidation finale, par Capital.

Essayons de rendre sensibles par des formules pratiques les principes que nous venons d'exposer en réduisant, pour plus de clarté, les sommes qui nous serviront d'exemple.

Il s'agit d'une entreprise analogue à un chemin de fer, constituée par société anonyme au capital de 400 000 fr. et émettant 600 000 fr. d'obligations portant 15 fr. d'intérêt annuel chacune et remboursables à 500 fr. pendant une période déterminée. Les actions, de 500 chacune, sont de même amortissables pendant un long temps. Les actionnaires ne versent au 1er avril, date de l'ouverture des livres, que moitié du capital. Il faut constater par la comptabilité ces conditions et leur accomplissement. Écrivons :

—————————— 1er avril. ——————————

ACTIONS à CAPITAL. fr. 400 000,
Pour 800 actions de 500 fr. chacune, fr. . . . .   400 000 »

Le 5 avril, les souscripteurs ont versé la moitié du capital chez le banquier de la société, ou, si l'on veut, à sa caisse. Nous écrirons :

—————————— 5 id. ——————————

CAISSE à ACTIONS, fr. 200 000,
Montant du 1er versement, fr.. . . . .   200 000 »

Le 6, les administrateurs entrent en fonctions et déposent les actions exigées. On écrira :

—————————— 6 id. ——————————

ACTIONS EN DÉPOT aux Suivants, fr. 500 000, savoir :
A M. A, administrateur, 100 actions, fr. . .   25 000 }
A M. B,   id.   100 id. fr. . .   25 000 }   50 000 »

Supposons qu'un premier inventaire trouve et laisse les choses en cet état. Au bout d'un an, la seconde moitié du capital souscrit est appelée et payée. On écrit :

—————————— 10 avril. ——————————

CAISSE à ACTIONS, fr. 200 000,
Second et dernier versement, fr. . . . .   200 000 »

Alors le compte Actions se trouve balancé et peut disparaître des livres aux inventaires qui seront faits à l'avenir. Il ne reste que le crédit de Capital, égal au débit de Caisse par Actions.

La société décide l'émission de 1 000 obligations dans les conditions que nous avons indiquées. Le 2 mai, 100 obligations sont vendues à la bourse au prix net de 29 500. On écrira :

---

2 mai.

Amortissement à Obligations, fr. 50 000,

Émissions de 100 obl/,, fr.. . . . . 50 000 »

Id. id.

Caisse à Ressources, fr. 29 500,

Prix de 100 obl/ vendues, net, fr. . . . . 29 500 »

On continuera à inscrire de même les émissions successives jusqu'à ce que les remboursements commencent. Alors on créditera par Profits et Pertes le compte Amortissement des sommes affectées aux remboursement des obligations et le compte Intérêts des sommes affectées au payement des intérêts. Soit de 20 000 fr. l'annuité totale destinée au service des intérêts et de l'amortissement de 1 000 obligations. On écrira, la première année :

Profits et Pertes aux Suiv/, fr. 20 000, savoir :

A Amortissement, service des obl/. . . . . . .   5 000 }
A Intérêts,   d°   . . . . . 15 000 } 20 000 »

L'année suivante, 10 obligations ayant été amorties, on écrira :

Profits et Pertes aux Suiv/, fr. 20 000, savoir :

A Amortissemfnt, service des obl/. . . . . .   5 150 {
A Intérêts,   d°   . . . . . 14 850 { 20 000 »

A mesure que les payements seront effectués, on créditera Caisse par Obligations des sommes payées pour le remboursement des obligations et par Intérêts des sommes payées aux porteurs de coupons, ainsi qu'il suit :

Les Suivants à Caisse, fr. 20 000, savoir :

Obligations, remboursement de 10 obl/. . .   5 000 {
Intérêts, coupons de 1 000 obl/ . . . . . . 15 000 { 20 000 »

On voit que le solde du compte Amortissement présente la somme des obligations dues, mais dont l'époque de remboursement n'est pas venue ; le solde du compte Obligations présente la somme des obligations dues et non encore payées. La différence des deux soldes, s'il en existe, indique le montant des obligations échues et non payées, comme le solde du compte Intérêts montre le montant des intérêts échus et non payés.

Le compte Ressources, qui, dans les chemins de fer, s'appelle souvent Premier établissement, est débité des dépenses générales de l'entreprise.

Passons à la période où commence le remboursement des actions. Il n'est pas nécessaire d'ouvrir de nouveaux comptes : celui de Dividendes, crédité par Profits et Pertes des dividendes à payer et débité par Caisse des dividendes payés, suffit pour constater le montant des revenus à percevoir et aussi leur perception. Quant au remboursement, c'est une restitution faite au capital. Donc, le 1er octobre, on rembourse cinq actions. Nous écrirons :

1er octobre.

CAPITAL à CAISSE.

Remboursement de 5 actions, fr. . . . . 2 500 »

Si l'on voulait tenir compte des actions qui ont droit au remboursement, indépendamment des remboursements effectifs, il conviendrait, lorsque les actions se libèrent, de porter leur produit, par Caisse, au crédit de Ressources. Alors on créditerait Actions, par Profits et Pertes, du montant des actions à rembourser, et on débiterait Capital des actions remboursées effectivement, comme ci-dessus.

On comprend que quel que fût le capital d'une entreprise et quel que fût le nombre de ses actions et de ses obligations, les formules que nous venons d'exposer suffiraient à cette partie de sa comptabilité et montreraient clairement la situation dans laquelle elle se trouve.

§ 5. — COMPTABILITÉ DES CHEMINS DE FER.

La comptabilité des chemins de fer ne diffère d'une comptabilité industrielle ordinaire que par la grandeur de l'entreprise et le nombre des employés qu'il s'agit de diriger et de contrôler.

Aussi est-il facile d'exposer et de comprendre cette comptabilité. Mais dans la pratique, on doit redouter les complications, le luxe et aussi les confusions auxquelles on est exposé, si on n'apporte de l'intelligence et une attention soutenue dans l'arrangement des livres et le partage du travail.

On peut distinguer dans la comptabilité d'une compagnie de chemin de fer de grandes divisions naturelles, qui sont : 1° le compte Capital ; 2° le compte de Premier établissement ; 3° le compte d'Exploitation. Comme les chemins de fer sont généralement construits et exploités par des sociétés commerciales, les principes que nous venons d'exposer sont applicables à la tenue de leur compte Capital. Reste à étudier rapidement les deux autres.

Le compte de Premier établissement n'est autre que celui de la construction du chemin, qui est effectuée sous la direction des ingénieurs par des entrepreneurs ou tâcherons, ou en régie. L'entrepreneur ou tâcheron est crédité par Premier établissement de ses travaux et fournitures, et est débité par Caisse ou Portefeuille à mesure des payements. Si les travaux sont exécutés en régie, on débite par Caisse telle ou telle section de travaux à laquelle on ouvre un compte, que l'on crédite des travaux exécutés par Premier établissement.

Dans les Compagnies françaises qui ont des conventions avec l'État, on porte aussi au compte de Premier établissement les recettes et les dépenses d'exploitation des sections de chemins de fer récemment ouvertes jusqu'au commencement de l'exercice suivant.

Les appointements des ingénieurs chargés de diriger les travaux de construction et de leurs agents immédiats sont, ainsi que toutes les autres dépenses de construction, portés au débit de Premier établissement.

Ce compte au crédit duquel on ne peut trouver que les recettes de quelques mois d'exploitation ou des contrepassements par suite d'erreurs, est donc toujours débiteur. C'est un compte d'existences, comme le compte Marchandises de la maison de commerce ordinaire et comme celui-ci, il se solderait par Capital en cas de liquidation. C'est ce qui arriverait à la fin des contrats des compagnies actuelles avec l'État, s'ils arrivaient à leur terme sans modification.

Il peut être utile, pour faciliter les comparaisons, d'introduire dans le compte Caisse d'un chemin de fer une subdivision intitulée Caisse d'établissement. Ce serait cette Caisse qui serait spécialement débitée du produit des actions et obligations et créditée des dépenses de premier établissement.

On peut aussi ouvrir un compte intermédiaire, sous le nom de Ressources, qui remplisse les mêmes fonctions et dont le solde présente constamment la comparaison des ressources réalisées par l'émission des actions et obligations et les dépenses faites pour frais de premier établissement.

Enfin on peut, et c'est le plus court, créditer directement par Caisse le compte Premier établissement de toutes les sommes obtenues de l'émission des actions et obligations. Alors on crédite Obligations par Amortissement du chiffre total des obligations émises et on le débite par Caisse lors des remboursements, après avoir crédité Amortissement par Profits et Pertes ou par Exploitation des sommes à rembourser, au fur et à mesure des échéances.

Les crédits ouverts par les conseils d'administration peuvent donner lieu à des comptes spéciaux. Ainsi une section serait créditée de la somme que lui aurait attribuée le conseil par un compte toujours débiteur appelé *Crédits;* elle serait débitée des sommes dépensées, les crédits employés seraient passés au débit du compte Premier établissement.

Les comptes d'Exploitation d'un chemin de fer peuvent être classés, quant aux dépenses, en quatre grandes divisions, et, quant aux recettes, en une seule division. Les divisions des dépenses pourront être désignées sous les noms de : Administration centrale, Exploitation proprement dite, Matériel et ateliers, Travaux et surveillance. Chacune de ces divisions forme une comptabilité entière qui se subdivise en plusieurs autres.

Ainsi la division de l'Administration centrale comprendra : 1° les appointements de tout le personnel de cette administration, à quelque titre que ce soit ; 2° les frais généraux, tels que assurances, contributions, frais judiciaires, pensions, etc. ; 3° les intérêts dus par la compagnie, notamment le service des obligations et actions ; 4° quelques dépenses d'ordre, telles que l'impôt du dixième sur le prix des places, les subventions et le loyer des lignes empruntées.

L'Exploitation proprement dite comprendra : 1° le traitement de l'ingénieur en chef, du personnel de l'inspection, des employés des divers bureaux appliqués au service courant, ainsi que leurs frais de bureaux ; 2° les frais de perception et de service des gares, comme appointements des chefs de gare, frais de leurs bureaux, impressions de billets, ordres de service, etc.; 3° éclairage et chauffage des gares ; 4° service des trains ; 5° service du factage et du camionnage.

La division du Matériel et des ateliers comprend : 1° le traitement de l'ingénieur du matériel et du personnel de cette section ; 2° tous les frais de traction, tant en personnel qu'en matériel ; 3° les réparations du matériel et tous les frais auxquels il donne lieu.

La division des Travaux et de la surveillance comprend : 1° les appointements du personnel dirigeant la surveillance ; 2° l'éclairage et l'entretien de la voie et des bâtiments.

Les Recettes ou produits de l'exploitation se divisent naturellement en voyageurs, excédants de bagages, articles de messagerie à grande vitesse, transports à petite vitesse, bestiaux, magasinage, etc.

Ce système de divisions et subdivisions des comptes étant adopté, on observera qu'il indique des services soumis à la même direction et liés ensemble, mais cependant distincts et ayant chacun une comptabilité propre. Considérons un peu les plus compliquées, celle du Matériel et celle des Travaux et surveillance.

L'une et l'autre de ces comptabilités ont dans le service auquel elles s'appliquent des matières à conserver et à consommer. La première est chargée des cokes et charbons, des graisses, de tous les matériaux nécessaires à la réparation du matériel roulant. Ce sont autant de marchandises, dont chacune peut avoir son compte séparé. Prenons pour exemples les cokes : ils sont emmagasinés en tas dans un certain nombre de gares. Le compte Cokes devra être subdivisé en autant de comptes qu'il y aura de gardiens responsables, soit un par gare de dépôt. Il y aura Cokes, gare A, Cokes, gare B, Cokes, gare C et ainsi de suite. Ces comptes seront débités des quantités entrées à mesure qu'elles entrent, mais à quel prix? comme il serait minutieux de relever le prix de chaque livraison, on peut débiter les comptes au prix moyen résultant des livraisons effectuées durant le semestre expiré. — On les créditera au même prix, à mesure des livraisons, des quantités livrées.

Bien que l'ingénieur sache à peu près la quantité de combustible que consomme par voyage une locomotive marchant à une vitesse donnée, il peut tenir à le savoir d'une manière plus précise. Pour cela il suffira que toute livraison de coke à un conducteur de locomotive soit constatée sur une fiche remise au gardien du coke et annotée sur un carnet de voyage. La quantité de coke consommée dans le voyage sera portée en un chiffre sur un livre auxiliaire destiné à relever les comptes de consommation de chaque locomotive durant chaque voyage, à peu près dans la forme suivante. — « Train n°...; locomotive n°... de... à... tant de kilos de coke, tant; » et ainsi de suite.

Ces détails sont utiles pour savoir ce que consomme chaque conducteur et chaque locomotive; mais la comptabilité du matériel ne s'occupera que des quantités livrées pour en créditer le compte Cokes et ses subdivisions dans chaque gare de dépôt.

Le reste de la comptabilité du matériel ressemble en tout à celle d'un atelier de construction et n'est, en réalité pas autre. Comme nous en avons parlé longuement, nous ne nous en occuperons pas davantage.

La division Travaux et surveillance a dans ses attributions tous les matériaux de réparation de la voie, tels que rails, traverses, coussinets, etc. Ces matériaux sont répandus tout le long du chemin en tas égaux qui rendent les récolements faciles. On donne à chacun d'eux un magasin fictif en divisant la voie en autant de sections qu'il y a d'employés responsables des divers matériaux.

Soient, par exemple, des rails. On en débite, lorsqu'ils entrent, les diverses sections, n°s 1, 2, 3, etc., au prix de revient déterminé, comme pour les cokes. Ils se trouvent d'ailleurs comptés et pesés. Un rail se rompt et est remplacé. Celui qui dirige les travaux en cet endroit délivre une fiche portant reçu au gardien, ou inscrit le reçu sur un livret spécial en même temps qu'il prend reçu des débris du rail. Chaque semaine ou, si l'on veut, chaque jour, la somme des rails consommés est relevée d'après les livrets par la comptabilité générale, de façon à ce qu'on puisse sans peine contrôler tous les mouvements de matières.

La division des recettes se rattache, comme service, à celle de l'exploitation proprement dite. Chaque receveur est débité du nombre de billets qui lui sont remis pour chaque destination de la ligne. Il est crédité de ceux dont il remet le prix, et le solde de son compte indique l'importance et l'espèce des restants à celui qui contrôle. Les reçus d'excédants de bagage sont détachés d'un livre-souche, ainsi que les lettres de voiture délivrées aux chargeurs de marchandises, bestiaux, etc. Comme les reçus et lettres de voiture reviennent, aux gares d'arrivée, au pouvoir de l'administration, elle a entre les mains des moyens de contrôle sûrs et rapides.

Le montant des lettres de voiture à recouvrer sur les destinataires des marchandises confiées à un chemin de fer se trouve constaté par le débit des employés qui les ont délivrées. On les crédite par ceux de la gare qui doit recevoir, et ceux-ci sont crédités lorsqu'ils ont remis les marchandises, soit qu'ils versent les fonds produits par la lettre de voiture, soit que ces fonds restent dus par un destinataire en compte avec la Compagnie.

Tout colis chargé sur un train est inscrit, avec son numéro et sa destination, sur la facture délivrée, au moment du départ, au conducteur du train ou à l'employé spécial qui est chargé du soin des colis. A l'arrivée, la livraison du colis aux employés de la gare est constatée sommairement, de telle sorte que ces comptes, où les détails sont très-nombreux, ne présentent nulle difficulté.

Les compagnies de chemins de fer ont des comptes les unes avec les autres; elles en ont avec les gros expéditeurs de marchandises, avec leurs entrepreneurs, avec leurs fournisseurs et avec la Banque de France. Ce sont autant de comptes courants ordinaires, qui ne fournissent matière à nulle observation.

La direction de la compagnie peut être intéressée à savoir ce que coûte et ce que rapporte telle ou telle section d'un chemin de fer, et cela est indispensable lorsque les compagnies se trouvent, comme les six grandes compagnies françaises, associées à l'État pour une partie de leur réseau. La comptabilité de chaque section se dégage sans peine, quant aux recettes et quant aux dépenses spéciales, de la comptabilité organisée comme nous l'avons indiqué. Il reste nécessairement un peu d'arbitraire dans la répartition des frais généraux. Il faut enfin qu'un travail spécial soit fait dans chaque bureau de recette, pour savoir la part qui revient à chaque section. Un voyageur, par exemple, prend à la gare du Nord un billet de Paris à Senlis. Il faut séparer, sur le prix de ce billet, ce qui appartient à la ligne principale et ce qui appartient à la section de Chantilly à Senlis. Un tableau dressé à l'avance et un compte spécial rendent cette séparation facile.

Ainsi se détaille au besoin en un nombre énorme de livres, livrets, fiches et factures, la comptabilité de l'exploitation d'un chemin de fer. Sa comptabilité générale est relevée d'après les feuilles où se trouvent résumées chaque jour les comptabilités distinctes et diverses qu'elle doit centraliser.

Toutes les dépenses courantes doivent être soldées par les recettes de l'exploitation, comme les dépenses d'établissement par le produit des actions et des obligations. Les excédants se passent par Dividendes ou Réserve et de telle façon que décide l'assemblée générale des actionnaires. — Il n'y a point autrement de compte Profits et pertes.

IV. — De quelques comptes spéciaux.

Passons maintenant à l'exposition et à la discussion de quelques comptes spéciaux à certaines branches de commerce. Cette étude est la plus propre à faire comprendre avec quelle facilité les principes de la partie double s'appliquent aux opérations leurs plus diverses.

§ 1. — COMPTES COURANTS.

Tout compte ouvert au grand-livre est, en réalité, un compte courant; mais on réserve plus spécialement ce nom à ceux des personnes avec lesquelles il est convenu que les sommes avancées porteront un intérêt déterminé. Les conventions de ce genre ne sont pas rares entre commerçants; elles sont fréquentes entre associés, habituelles entre banquiers et entre banquiers et commerçants.

Il y a cependant, en banque même, des comptes courants sans intérêt, comme ceux des ayants compte à la Banque de France.

Ils se réduisent à une balance de capitaux qui varie à mesure que l'ayant compte fournit ou retire des fonds.

Le compte courant avec intérêt exige des calculs plus longs et des méthodes spéciales, particulièrement lorsque ses éléments se composent, comme c'est le cas en banque, d'effets de commerce à diverses échéances. Ces calculs portent directement sur les intérêts, et, bien que leur théorie appartienne à l'arithmétique commerciale plutôt qu'à la comptabilité, nous allons en rappeler les traits principaux.

1°. — Calcul des intérêts.

Intérêt annuel. — On obtient directement et sans peine l'intérêt que doit produire en un an une somme donnée au moyen d'une règle de trois. Soit à trouver l'intérêt d'une somme de 3 260 fr. placée à 4 % pendant un an. Il est clair que l'intérêt cherché, que nous désignerons par i, est à 3 260 fr. comme 4 est à 100, ce qu'on exprime par la proportion

$$i : 3\,260 :: 4 : 100,$$

de laquelle on déduit la règle de trois :

$$i = \frac{3\,260 \times 4}{100} = 130,40.$$

Ce qui est vrai du taux de 4 % serait vrai de tout autre taux. Donc en principe :

« Pour trouver l'intérêt que produirait en un an une somme donnée placée à un taux quelconque d'intérêt, il faut multiplier cette somme par le chiffre qui exprime ce taux et diviser par 100 : on a pour quotient l'intérêt cherché. »

Le praticien, qui sait que la division par 100 d'une somme de francs lui donne une somme de centimes, multiplie la somme par le taux de l'intérêt et divise par 100, en plaçant une virgule après le second chiffre à droite.

Intérêt pendant un nombre de jours donné. — La recherche de l'intérêt produit par une somme donnée pendant un certain nombre de jours donne lieu à des calculs plus compliqués pour lesquels on emploie différentes méthodes. Exposons les deux principales.

1° *Méthode des diviseurs.* — Soit à trouver l'intérêt de 5 450 francs placés à 4 % pendant 13 jours.

L'année se compose de 365 jours. Un jour d'intérêt à 4 % est égal au 365ᵉ de l'intérêt annuel au même taux, et 13 jours d'intérêt égalent l'intérêt de 1 jour multiplié par 13.

Mais, s'il fallait chercher l'intérêt annuel d'une somme, le diviser par 365 et multiplier le quotient par le nombre de jours, les calculs seraient longs et ne présenteraient pas assez d'uniformité pour les praticiens, qui recherchent avec raison la promptitude et la sûreté des opérations.

On a donc préféré réduire tous les calculs à la recherche de l'intérêt pendant *un jour*, au moyen du raisonnement suivant :

Il est facile de trouver un nombre dont l'intérêt pendant un jour soit égal à l'intérêt de la somme proposée pendant un certain nombre de jours donné, en multipliant cette somme par le nombre de jours. Ainsi, dans l'exemple proposé, il est évident que la somme dont l'intérêt pendant 1 jour est égal à l'intérêt de 5450 fr. pendant 13 jours est égal à fr. $5\,450 \times 13$, soit 70 850.

« Si maintenant nous connaissions le nombre de francs qui, placé à 4 %, nous donnerait en un jour *un franc* d'intérêt, nous trouverions l'intérêt cherché en divisant par ce nombre la somme (70 850, dans notre exemple) dont l'intérêt pendant un jour est égal à l'intérêt cherché.

En effet, dans cette opération, on agit sur deux nombres homogènes, en ce sens qu'ils se rapportent l'un et l'autre à l'intérêt d'un jour.

Reste donc à chercher le nombre qui, pendant un jour, produirait, à 4 %, un franc d'intérêt. — On pourrait dire : La somme qui, placée à 4 %, produirait un franc d'intérêt par jour, produit par an 365 fr. ; donc, désignant cette somme par x, j'ai

$$x : 365 :: 100 : 4, \text{ d'où } x = \frac{365 \times 100}{4} = 9125.$$

Une fois ce nombre connu, je le prends pour diviseur de 70 850 et je trouve au quotient l'intérêt cherché, ainsi qu'il suit :

$$\begin{array}{r|l} 70\,850 & 9\,125 \\ 6\,9750 & \overline{7{,}764} \\ 5\,8750 \\ 4\,0000 \\ 5\,500 \end{array}$$

Ainsi, l'intérêt de 5 450 fr. pendant 13 jours, à 4 %, est de 7 fr. 77. — Si on veut formuler ce procédé en termes généraux, en une règle, on dit : On trouve l'intérêt d'une somme placée pendant un certain nombre de jours en multipliant cette somme par le nombre de jours pendant lesquels l'intérêt à couru et en divisant le produit par $\dfrac{565 \times 100}{t.\ p.\ \%}$.

Au lieu de rechercher, à chaque opération, le nombre qui donne 1 fr. d'intérêt par jour, on le relève une fois pour toutes et on le grave dans sa mémoire pour s'en servir toutes les fois qu'il s'agit du même taux d'intérêt. Ainsi nous savons que, pour trouver l'intérêt pendant 15 jours de toute somme placée à 4 %, il suffit de multiplier cette somme par 15 et de diviser le produit par 9 125.

Les praticiens appellent *diviseur fixe* ce nombre qui est invariablement employé dans tous les calculs relatifs au même taux d'intérêt; le produit de la somme par le nombre des jours d'intérêt s'appelle le *nombre*.

Dans la pratique, on abrége les calculs : 1° en supposant que l'année n'a que 560 jours, ce qui arrondit le diviseur fixe ; 2° en retranchant à droite du *nombre* les deux derniers chiffres, qui ne donnent au quotient que des fractions de centime, et aussi deux chiffres à droite du diviseur fixe. Ceci posé, on sait qu'on a pour diviseur fixe :

$$A\ 5\ \%.\qquad \frac{560 \times 100}{5} = 12\,000$$

$$4\ \%\qquad \frac{560 \times 100}{4} = 9\,000$$

$$4\tfrac{1}{2}\ \%\qquad \frac{560 \times 100}{4.5} = 8\,000$$

$$5\ \% \quad \frac{560 \times 100}{5} = 7\ 200$$

$$6\ \% \quad \frac{560 \times 100}{6} = 6\ 000$$

et ainsi de suite.

Si l'on applique à notre exemple les moyens de simplification indiqués ci-dessus, l'opération se posera comme il suit :

$$5\ 450 \times 13 = 70\ 850 \quad \text{et} \quad x = \frac{70\ 850}{9\ 000}.$$

En retranchant deux chiffres à droite du dividende et du diviseur, nous avons.

$$
\begin{array}{r|l}
708 & 90 \\
780 & \\
\cline{2-2}
600 & 7{,}86 \\
60 &
\end{array}
$$

Le quotient obtenu par cette voie est un peu plus élevé que celui que nous avions obtenu d'abord, parce que le jour d'intérêt, qui n'est en réalité que $1/365^e$ de l'intérêt annuel, est compté dans la pratique pour $1/560^e$.

Si, au lieu de chercher l'intérêt d'une somme pendant un nombre de jours donné, on a besoin de chercher l'intérêt de sommes diverses ayant porté intérêt pendant divers nombres de jours, on relève les *nombres*, on les additionne ensemble et on divise le total par le diviseur fixe correspondant au taux d'intérêt.

Soit, par exemple, à trouver l'intérêt à $4\ \%$ produit par trois sommes, l'une de 1 580 fr. pendant 35 jours, l'autre de 3 500 fr. pendant 7 jours, la troisième de 2 600 fr. pendant 18 jours. On dira :

$$
\begin{array}{lll}
1\ 580 \times 35 = 55\ 300 & \text{ou} & 553 \\
3\ 500 \times 7 = 24\ 500 & & 245 \\
2\ 600 \times 18 = 46\ 800 & & 468 \\
\end{array}
$$

$$
\begin{array}{r|l}
\text{Total.} \dots\ 1\ 266 & 90 \\
366 & \\
\cline{2-2}
600 & 14{,}06 \\
\end{array}
$$

En effet, la somme résultant de l'addition des *nombres* est bien celle qui produirait en un jour l'intérêt cherché, et en la divisant par le diviseur fixe (après la suppression de deux chiffres à droite du dividende et du diviseur) on a 14 fr. 06. — Au lieu de trois divisions successives et de l'addition des trois quotients, on additionne les *nombres* et on obtient l'intérêt cherché par une seule division.

On comprend l'importance de ces moyens d'abréviation, lorsqu'on songe qu'il faut fréquemment faire des calculs d'intérêt sur des centaines de sommes placées pendant divers nombres de jours, au même taux.

2° *Méthode des parties aliquotes.* — Les praticiens aiment à abréger davantage les calculs par l'emploi d'une méthode fondée sur le raisonnement direct. Elle consiste à prendre pour point de départ le nombre de jours pendant lequel, au taux donné, une somme de 100 fr. produirait 1 fr. d'intérêt, ou une somme de 1 fr. 1 centime d'intérêt, et à comparer avec ce nombre de jours le nombre de ceux pendant lesquels l'intérêt a couru.

Soit, par exemple, à chercher l'intérêt produit à 4 % pendant 15 jours par une somme de 6 345 fr.

Si 100 fr. produisent, à 4 %, 4 fr. pendant l'année, que nous supposons de 360 jours, ils produisent 1 fr. pendant le quart de l'année, soit pendant 90 jours. Comme la division par 100 est facile et simple, puisqu'il suffit, pour la faire, d'enlever par une virgule deux chiffres à droite du nombre divisé, on obtient sans peine 1 % et on dit : 1 % de 6 345 = 63,45. Ce centième étant l'intérêt de 6 345 fr. à 4 %° pendant 90 jours, l'intérêt cherché est à ce centième comme 15 jours est à 90 jours. Et comme 15 est le 6e de 90, il suffit de diviser 63,45 par 6 pour avoir l'intérêt cherché. On écrit donc :

$$6345 \quad \text{(somme).}$$
$$63,45 \ (1 \ \%, \text{ ou centième).}$$
$$10,57 \ (6^e \text{ de } 1\%, \text{ intérêt cherché).}$$

S'il s'agissait de chercher l'intérêt de la même somme pendant 17 jours, on dirait :

6345   (somme).
  63,45 (1 %, ou centième).
     10 57 (6ᵉ de 1 %, intérêt de 15 jours).
      1,41 (1/45ᵉ de 1 %, intérêt de 2 jours).
     11,98 (total de 10,57 et de 1,41, int. cherché).

S'il s'agissait de chercher l'intérêt de la même somme pendant 100 jours, on dirait :

    6345   (somme).
     63,45 (1 %, intérêt de 90 jours).
      7,05 (9ᵉ, ou intérêt de 10 jours).
     70,50 (intérêt de 90 jours plus 10 jours, intérêt cherché).

Pour produire 1 d'intérêt, il faut

  A 4 %   1/4 de l'année de 360 jours, soit 90 jours.
    5 %   1/5   »   72
    6 %   1/6   »   60

Mais, une fois entrés dans la méthode des parties aliquotes, les praticiens ont voulu en tirer avantage jusqu'au bout, afin de donner à leurs procédés une uniformité qui leur permît de faire avec toute la rapidité possible des calculs incessamment répétés. Dans ce but, ils ont pris le parti de calculer toujours l'intérêt à 6 % et, une fois le résultat obtenu, de le ramener au taux demandé par une dernière opération de parties aliquotes.

Soit demandé, par exemple, comme ci-dessus, l'intérêt de 6 345 fr. à 4 % pendant 15 jours, le praticien écrira :

    6 345   (somme).
     63,45 (100ᵉ, intérêt de 60 jours à 6 %).
     15,86 (1/4 de 60 jours).
      5,28 (1/3 à déduire pour réduire à 4 %).
     10,58 (intérêt cherché).

Si, au lieu de 4 %, l'intérêt cherché était de 5 %, on retrancherait 1/6ᵉ de l'intérêt trouvé à 6 %, et, au contraire, on y ajouterait 1/6ᵉ s'il était de 7 %, et ainsi de suite. On comprend qu'il est toujours facile, par une suite de calculs simples effectués sur de petits chiffres, de trouver tel taux d'intérêt qu'on désire, une fois que l'on connaît l'intérêt à 6 %.

Ce type de 6 % a été préféré pour deux motifs : 1° parce que 60 jours sont à peu près l'échéance moyenne des effets de commerce présentés à l'escompte; 2° parce que le nombre de 60 est très-riche en sous-multiples, puisqu'il se divise par 2, par 3, par 4, par 5, par 6, par 10, par 12, par 15, par 20 et par 30, ce qui facilite admirablement les calculs fondés sur la méthode des parties aliquotes.

Des échéances. — En matière de comptes courants portant intérêt, on appelle *échéance* l'époque où une somme commence à porter intérêt, ou, comme on dit, *entre en valeur*. L'échéance en compte n'est pas toujours la même que l'échéance réelle. Je vous ai remis un effet de commerce payable le 15 courant : le 15 est le jour de l'échéance réelle. Mais nous pouvons être convenus que les sommes remises par moi n'entreront en valeur qu'au bout de deux jours, et, en ce cas, l'échéance en compte de l'effet remis sera au 17 courant.

On donne aux effets de commerce, en compte courant, une échéance arbitraire au moyen de calculs d'intérêt. Je remets un effet de 500 fr., échéant au 25 courant, que je veux faire entrer en valeur aujourd'hui même, 10. Je déduis du montant de cet effet l'intérêt au taux courant ou convenu, du 10 au 25, c'est-à-dire pendant 15 jours, et la somme qui reste entre en valeur aujourd'hui. C'est là ce qu'on appelle *un escompte*. — On pourrait de même, si on le désirait, porter l'échéance de l'effet au 30 du mois, en ajoutant à son montant l'intérêt de 5 jours.

Quelquefois, mais rarement, on désire donner à plusieurs effets une échéance moyenne et on y parvient sans peine au moyen des *nombres*. Soit à trouver l'échéance moyenne de trois effets, l'un de 1 800 fr. à 25 jours, l'autre de 1 000 fr. à 30 jours, l'autre de 2 500 fr. à 5 jours. Nous aurons :

$$1\ 800 \times 25 = 45\ 000$$
$$1\ 000 \times 30 = 30\ 000$$
$$2\ 500 \times 5 = 12\ 500$$

$$\overline{5\ 500} \qquad \overline{87\ 500}$$

En divisant la somme des *nombres*, qui est, nous le savons, celle dont l'intérêt pendant 1 jour égale l'intérêt à retrancher des trois effets pour les mettre en valeur aujourd'hui, par la somme des effets, nous avons le nombre de jours et fractions de jour qui expriment leur échéance moyenne, soit, dans notre exemple, 16 jours et demi.

2°. — Tenue des comptes courants.

Venons maintenant aux comptes courants et remarquons qu'il n'y a pour les tenir que deux systèmes. Le premier, le plus usité en France, s'applique seulement aux comptes dans lesquels l'intérêt court au même taux en faveur de chacun des ayants comptes et contre eux et à ceux dans lesquels l'ayant compte est constamment créancier ou débiteur. Le second peut s'appliquer à tous les comptes courants et doit être employé nécessairement lorsque l'ayant compte paye un intérêt plus ou moins élevé que celui qu'il reçoit de la maison qui tient le compte.

Dans le premier système, on prend une époque; on relève les intérêts courus sur chaque article du jour de son échéance à cette époque, on totalise et on balance d'abord les intérêts, puis les sommes. — Dans le second système, on relève à chaque entrée ou sortie de fonds la balance ou solde du compte et on calcule les intérêts dus sur cette balance ou solde pour les inscrire au crédit de qui il appartient.

Un exemple fera comprendre la différence des deux systèmes. Soit un compte courant entre A et B, du 1ᵉʳ au 30 novembre. Le 1ᵉʳ novembre. A doit à B 2 000 fr.; il lui remet 6 000 fr. le 15 et reçoit 5 000 fr. le 25. Dans le premier système, voulant régler compte le 30 novembre, on peut supposer que les 2 000 fr. dus au 1ᵉʳ ont porté intérêt jusqu'au 30, que les 6 000 fr. remis le 15 ont également porté intérêt jusqu'à la même date, ainsi que les 5 000 versés le 25. Dans le second système, les 2 000 dus par A portent intérêt au profit de B jusqu'au 15; du 15 au 25, 4 000 fr. portent intérêt au profit de A, et du 25 au 30, 1 000 fr. portent intérêt au profit de B. Le premier système est fondé sur une fiction convenue; le second est strictement conforme à la réalité.

Du reste, si l'intérêt court au même taux pour et contre A et B, le résultat est le même, ainsi qu'il est facile de s'en convaincre. Prenons les livres de B et établissons le compte, d'abord par l'un, puis par l'autre système. Nous aurons par le premier

	DOIT.	AVOIR.
Du 1er, 2 000 × 30 =	60 000	
Du 15, 6 000 × 15 =		90 000
Du 25, 5 000 × 5 =	25 000	
Solde . . .	5 000	
	90 000	90 000

La différence ou balance des intérêts est, en *nombres*, de 5 000 au profit de A.

Par l'autre système, nous disons :

	DOIT.	AVOIR.
Du 1er au 15, 2 000 × 15 =	30 000	
Du 15 au 25, 4 000 × 10 =		40 000
Du 25 au 30, 1 000 × 5 =	5 000	
Solde	5 000	
	40 000	40 000

On voit que, par l'un et par l'autre système, le solde, c'est-à-dire le résultat final, est le même.

Mais, dans le premier système, les 2 000 fr. du 1er novembre portent fictivement intérêt du 15 au 30, bien qu'ils aient été soldés le 15, et de même les 6 000 fr. versés le 15, bien que 4 000 fr. seulement soient dus jusqu'au 25, et qu'à dater du 25 ils soient soldés. Ces fictions seraient une cause d'erreur, si l'intérêt courait à des taux différents pour A et pour B.

On peut désigner le premier système par le nom de système de compensation, et le second, par celui de système des soldes.

SYSTÈME DE COMPENSATION. — Il y a deux manières de tenir les comptes courants dans ce système. La première, qu'on appelle ancienne ou directe et qui est encore très-usitée, prend pour *époque* du calcul des intérêts le jour où le compte est arrêté, la fin du trimestre, du semestre ou de l'année, par exemple. La seconde, que l'on appelle rétrograde ou nouvelle, bien qu'elle date de près de cent ans, prend ordinairement pour *époque* le jour de l'ouverture du compte ou du premier article qui y figure. Nous allons les exposer l'une et l'autre.

1° *Méthode ancienne ou directe.* — C'est celle que nous avons suivie dans l'exemple au moyen duquel nous avons comparé les deux systèmes. Nous allons le reprendre et l'établir sur un autre livre dont nous expliquerons la réglure au moyen de titres de colonnes que les commerçants n'emploient jamais. (*V.* Tableau D.)

D'après cette méthode, les intérêts relevés au débit du compte *s'ajoutent* aux sommes du débit et ceux relevés au crédit s'ajoutent aux sommes du crédit.

Mais il peut arriver, et il arrive fréquemment en banque, que l'ayant compte remette des valeurs dont l'échéance soit postérieure à l'*époque*, et, dans notre exemple, au 30 novembre. Supposons que A ait remis le 25 novembre un effet de commerce de 3 000 fr. échéant au 15 décembre. Pour faire entrer cet effet en compte, c'est-à-dire en valeur au 30 novembre, il faudra l'escompter à cette date, c'est-à dire *déduire* de son montant 15 jours d'intérêt. Après avoir relevé le *nombre* $3\,000 \times 15$ nécessaire au calcul de l'intérêt des 15 jours, il convient d'additionner ce nombre avec ceux qui représentent les intérêts courus au profit de B, si l'on veut porter au compte le montant intégral de l'effet de 3 000 fr. C'est ce que l'on fait; mais pour ne pas altérer la symétrie du compte, on écrit ce *nombre* à la colonne de ceux qui expriment les intérêts dus à A, mais à l'encre rouge, pour le distinguer des autres avec lesquels il ne doit pas être additionné. Les praticiens lui donnent le nom de *nombre rouge;* ils établissent et règlent le compte comme on peut le voir ci-contre. (Voy. tableau E.)

On comprend que l'emploi des nombres rouges soit incommode à cause des erreurs fréquentes qu'ils occasionnent. C'est pour obvier à cet inconvénient et à quelques autres moindres que l'on a imaginé la méthode dite nouvelle que nous allons étudier.

2° *Méthode rétrograde ou nouvelle.* — Dans cette méthode, on prend pour *époque* le jour de l'ouverture du compte ou de la première remise et on met en valeur à ce jour, par un escompte,

D. A, *de Strasbourg,*

SOMMES.		LIBELLÉ.	ÉCHÉANCES.		JOURS.	NOMBRES.
2 000	»	Solde de compte.. . .	1er	novembre.	50	600
5 000	»	S/ reçu.	25	—	5	250
		Bal/ des nombres..				50
						900
7 000	»					
959	15	Solde à nouveau.				

E. A, *de Strasbourg,*

SOMMES.		LIBELLÉ.	ÉCHÉANCES.		JOURS.	NOMBRES.
2 000	»	Solde de compte.. . .	1er	novembre.	50	600
5 000	»	S/ reçu..	25	—	5	250
		Nombre rouge.				450
6	65	Intérêts à 6 p. 100.				1 500
1 993	55	Balance des capitaux.				
9 000	»					

tant en crédit qu'en débit, chacun des articles inscrits au compte
courant, ainsi que le solde des capitaux, au jour où le compte est
arrêté. Mais comme on écrit les *nombres* de la même manière
que dans l'ancienne méthode, il faut se rappeler que les intérêts
indiqués par ces nombres doivent être *déduits* des capitaux qui y
ont donné lieu. C'est ce qu'on fait en portant les *nombres* du
crédit au profit du débit et ceux du débit au profit du crédit, ou
plutôt en attribuant au crédit les intérêts représentés par un
solde débiteur et au débit les intérêts présentés par un solde créditeur, comme on peut le voir au tableau G.

Les comptables habitués aux comptes courants aiment mieux
calculer les intérêts directement par la méthode des parties ali-

son compte courant.

SOMMES.		LIBELLÉ.	ÉCHÉANCES.		JOURS.	NOMBRES.
6 000	»	S/ remise espèces.	15	novembre.	15	900
	85	Intérêts à 6 p. 100.				
999	15	S/ débiteur au 30 nov.				900
7 000	»					

son compte courant.

SOMMES.		LIBELLÉ.	ÉCHÉANCES.		JOURS.	NOMBRES.
6 000	»	S/ remise espèces. . .	15	novembre.	15	900
3 000	»	B/ Dupont, Paris. . .	15	décembre.	15	450
		Balance des nombres. .				400
						1 500
9 000	»					
1 995	55	S/ créditeur au 30 nov.				

quotes, que relever et additionner des *nombres*. Ils inscrivent, au lieu du *nombre*, l'intérêt produit par chaque somme pendant le nombre de jours indiqués et balancent la somme des intérêts au lieu de balancer la somme des *nombres*. Le résultat d'ailleurs demeure exactement le même, comme on peut s'en convaincre par l'inspection du tableau II, où notre compte courant se trouve établi de cette manière.

Nous croyons inutile de multiplier et compliquer les exemples, comme aussi d'y porter des commissions, changes, etc., qu'on introduit fréquemment dans la pratique des comptes courants, parce que tantôt ces articles portent intérêt et entrent au compte en la forme ordinaire, tantôt ne portent intérêt qu'après le règle-

G. A, *de Strasbourg,*

SOMMES.		LIBELLÉ.	ÉCHÉANCES.		JOURS.	NOMBRES.
2 000	»	Solde de compte.	1ᵉʳ	novembre.		
5 000	»	S/ reçu.	25	novembre.	25	1 250
		2 000 bal/ des capitaux.			30	600
6	65	Int. à 6 p. 100.				
		Bal/ des nombres..				400
1 993	35	Solde créditeur.				2 250
9 000	»					

H. A, *de Strasbourg,*

SOMMES.		LIBELLÉ.	ÉCHÉANCES.		JOURS.	INTÉRÊTS.	
2 000	ᵣ	Solde du compte.. . .	1ᵉʳ	novembre.			
5 000	»	S/ reçu.	25	novembre.	25	20	85
		2 000 bal/ des capitaux.			30	10	»
6	65	Int. à 6 p. 100.				6	65
1 993	35	Solde créditeur.				37	50
9 000	»						

ment, et se trouvent en quelque sorte en dehors du compte. Nous n'avons pas indiqué davantage comment on dispose le détail des remises, parce que la pratique l'enseigne suffisamment. L'important, c'est la méthode.

SYSTÈME DES SOLDES. — Le système des soldes écarte toute fiction, et, à cause de cela même, s'adapte à la tenue des comptes courants, quelles que soient leurs conditions d'intérêt. Appliquons-le au compte qui nous a déjà servi d'exemple.

A, de Strasbourg, doit, au 1ᵉʳ novembre, 2 000 fr., qui portent intérêt jusqu'à ce qu'il ait pris une nouvelle somme ou fait une remise au taux convenu de 6 p. 0/0. Le 15 novembre, il *son compte courant.*

SOMMES.		LIBELLÉ.	ÉCHÉANCES.		JOURS.	NOMBRES.
6 000	»	S/ remise espèces. . .	15	novembre.	15	900
3 000	»	B/ Dupont, Paris. . .	15	décembre.	45	1 350
						2 250
9 000	»					
1 993	35	S/ créditeur au 30 nov.				

son compte courant.

SOMMES.		LIBELLÉ.	ÉCHÉANCES.		JOURS.	INTÉRÊTS.
6 000	»	S/ remise espèces. . .	15	novembre.	15	15 »
3 000	»	B/ Dupont, Paris. . .	15	décembre.	45	22 50
						37 50
9 000	»					
1 993	35	S/ créditeur au 30 nov.				

remet 6 000 fr. Dès lors le solde du compte est de 4 000 fr. en sa faveur, qui portent intérêt jusqu'au 25 novembre, jour où il prend 5 000 fr. Pour avoir le véritable état du compte, l'on relève l'intérêt ou le *nombre* que donne 2 000 fr. pendant quinze jours, et on l'inscrit au débit du compte. Au 25, on relève l'intérêt ou le *nombre* du solde de 4 000 fr. pendant les dix jours qu'il a couru et on l'inscrit au crédit. Au 30, on relève l'intérêt ou le *nombre* que donne le solde débiteur de 1 000 fr. qui a porté intérêt depuis le 25, pendant cinq jours, et on l'inscrit au débit. — Reste un effet de 3 000 fr. non échu, puisqu'il est payable au 15 décembre. Pour le faire entrer en compte au 30 novembre, il est indispensable de le mettre en valeur à ce jour, c'est-à-dire de l'escompter. On calcule donc l'intérêt qu'il produirait en quinze jours, du 30 novembre à son échéance, et comme cet intérêt doit être déduit du montant de l'effet qui figure intégralement au

I.   A, *de Strasbourg,*

SOMMES.			NATURE DES ARTICLES.	ÉCHÉANCES DES SOMMES.
DOIT.	AVOIR.			
2 000	»		Solde du compte.	1er novembre.
	6 000	»	Sa remise espèces.	15 —
5 000	»		Son reçu.	25 —
	3 000	»	B/ Dupont, Paris.	15 décembre.
6	65		Intérêts balancés.	
1 995	55		Solde créditeur au 30 nov.	
9 000	»	9 000	»	
	1 995	55	Solde à nouveau.	

on ne balancerait pas les *nombres*. On totaliserait séparément ceux du débit et ceux du crédit; on calculerait l'intérêt que chacune des deux sommes représenterait au taux convenu, puis on balancerait ces intérêts et on inscrirait le solde au profit de qui il appartiendrait. — On peut aussi, et c'est le plus court, relever l'intérêt de chaque solde au moyen des parties aliquotes et l'in-

K.   A, *de Strasbourg,*

SOMMES.			NATURE DES ARTICLES.	ÉCHÉANCES.
DOIT.	AVOIR.			
2 000	»		Solde de compte.	1er novembre.
	6 000	»	Sa remise espèces.	15 —
5 000	»		Son reçu.	25 —
	3 000	»	B/ Dupont, Paris.	15 décembre.
8	89			
1 991	11		Solde créditeur au 30 nov.	
9 000	»	9 000	»	
	1 991	11	Solde ancien.	

crédit ; on inscrit au débit l'intérêt trouvé ou le *nombre* qui le représente ; puis on balance le compte en la forme ordinaire. (Voy. tableau I.)

Si l'intérêt ne courait pas au même taux au débit et au crédit,

son compte courant.

SOLDES.		ÉCHÉANCES DES SOLDES.	JOURS.	NOMBRES.	
DOIT.	AVOIR.			DOIT.	AVOIR.
				6 p. 100.	6 p. 100.
2 000 »		15 novembre.	15	300 »	
	4 000 »	25 —	10		400 »
1 000 »		30 —	5	50 »	
			15	450 »	
		S/ des nombres.			400 »
				800 »	800

crire à la place du *nombre*. En fin de compte, on solde les intérêts en la forme ordinaire et on porte le solde au profit de qui il appartient à la colonne des capitaux. Le compte qui nous a déjà servi d'exemple est établi de cette manière ; en partant de la supposition d'un contrat qui fait courir l'intérêt à 6 p. %, au profit de B et à 4 p. % au profit de A. (Voy. tableau K.)

son compte courant.

SOLDES.		ÉCHÉANCES.	JOURS.	INTÉRÊTS.	
DOIT.	AVOIR.			DOIT.	AVOIR.
				6 p. 100.	4 p. 100.
2 000 »		15 novembre.	15	5 »	
	4 000 »	25 —	10		4 44
1 000 »		30 —	5	» 83	
			15	7 50	
		S/ des intérêts.			8 89
				13 33	13 33

Tels sont les principes généraux de la tenue des comptes courants, principes qui consistent, dans la première méthode, à ramener tous les articles à une échéance commune en calculant l'intérêt qui doit être ajouté à chaque somme ou qui doit en être retranché; dans la seconde méthode, à calculer simplement l'intérêt de chaque solde pour l'inscrire au profit de celui qui en est créditeur. Ces deux méthodes, simples et expéditives, suffisent à tous les besoins. Aussi ne parlerons-nous que pour mémoire de ce que quelques comptables ont appelé « méthode hambourgeoise, » bien qu'elle ne soit pas plus pratiquée à Hambourg qu'ailleurs.

Cette méthode, praticable entre correspondants éloignés, consiste à solder le compte à chaque opération et à constater sa situation dans la lettre à laquelle l'opération donne lieu. A, de Strasbourg, doit 2 000 fr. au 1er novembre et remet 6 000 fr. le 15. Dans sa lettre du 15 il constatera qu'il devait 2 000 fr. en capital et 5 fr. d'intérêt, lesquels 2 005 fr., déduits de 6 000 fr., laissent un solde de fr. 3 995 fr., dont l'intérêt court à son profit, et ainsi de suite. Lorsque les remises contiennent des effets à échéance plus ou moins éloignée, ils sont ramenés par un escompte à l'échéance du jour où la lettre est écrite, afin de permettre d'y inscrire la situation du compte.

§ 2. — COMPTES EN COMMISSION.

Les comptes en commission sont très-simples en eux-mêmes.

Un marchand fait une commande à son commissionnaire. Lorsque cette commande est exécutée, elle donne lieu à une facture ou à un compte de vente sur lesquels tous les frais et commissions quelconques auxquels a donné lieu l'exécution de l'ordre se trouvent relatés. Ces frais et commissions sont donc, en réalité, ajoutés au prix d'achat ou déduits du prix de vente. Le commerçant peut se borner à inscrire sur ses livres le net de la facture ou du compte de vente. S'il tenait à savoir les sommes qu'il paye annuellement pour commission, il lui suffirait d'ouvrir un compte Commissions qu'il débiterait par Caisse, Portefeuille ou par le commissionnaire lui-même et créditerait par Marchandises. Mais ce compte, peu utile par lui-même, rendrait moins apparent le prix de revient des marchandises qui resteraient en magasin, ce qui ne laisserait pas de présenter un inconvénient grave.

De même, pour le commissionnaire qui présente franchement la totalité de la commission qu'il perçoit et des frais qu'il fait pour le compte d'autrui, la manière la plus simple d'établir les comptes serait suffisante. Les frais faits seraient inscrits au débit du commettant, ainsi que les commissions qui pourraient être portées au crédit d'un compte spécial, subdivision de Profits et Pertes.

Les commissions donnent lieu en banque à quelques usages spéciaux, adoptés par les négociants commettants qui veulent se rendre compte, à mesure qu'elles ont lieu, des opérations que font pour eux les commissionnaires.

Les écritures du banquier commissionnaire ne sont altérées en rien par les commissions qu'il reçoit. Supposons que A, banquier à Paris, soit chargé d'acheter ou de vendre, soit des effets de commerce, soit des titres de rentes, actions, obligations, etc., soit des matières d'or et d'argent, pour le compte de B, banquier à Lyon, toutes ces opérations seront portées à un seul compte intitulé *B, de Lyon, son compte*, c'est-à-dire « opérations pour le compte de B, de Lyon. » Ce compte sera débité de toutes les valeurs fournies par A pour l'exécution des ordres de B et crédité de toutes les valeurs reçues en exécution de ces mêmes ordres.

Les écritures du commettant pourraient, à la rigueur, être tenues de la même manière. On ouvrirait, par exemple, aux livres de B, de Lyon, un compte spécial intitulé : « A, de Paris, mon compte, » lequel serait débité de toutes les valeurs fournies à A pour l'exécution des ordres donnés et crédité de toutes les valeurs reçues par suite de l'exécution des ordres donnés et se soldant, en fin d'exercice, par Profits et Pertes. Lorsqu'on reste fidèle à cette ancienne méthode, les monnaies étrangères qui figurent dans un grand nombre d'opérations sont portées au journal comme marchandises et évaluées au moment même où l'on passe écriture en monnaie de compte du pays.

Pour éviter autant que possible ces changes fictifs de monnaie, on a imaginé un système ingénieux, il est vrai, mais qui, dans la rédaction du journal, altère un peu les principes de la partie double en y introduisant des articles de partie simple, ou, pour parler comme les comptables, des articles borgnes, créanciers qui n'ont pas de débiteurs et débiteurs qui n'ont point de créanciers, jusqu'au règlement du compte ou à l'inventaire.

Ce système consiste à avoir au grand-livre deux colonnes de caisse au crédit et deux colonnes de caisse au débit. La colonne intérieure, tant au crédit qu'au débit, est destinée à l'inscription des opérations qui affectent le compte du correspondant, et la colonne extérieure, à inscrire les opérations qui donnent lieu à une entrée ou à une sortie effective et actuelle de valeurs pour le banquier commettant. C'est, en réalité, la combinaison des comptes de deux maisons en un seul compte dans lequel on veut que les opérations de chacune d'elles restent distinctes.

Lorsque les opérations affectent à la fois les comptes des deux maisons, elles ne sont inscrites au journal qu'à celui de la maison qui tient les livres; mais, au grand-livre, elles figurent à l'un et à l'autre compte. Si, au contraire, elles n'affectent que le compte de la commission proprement dite, elles sont inscrites au journal en articles borgnes, à titre de notes et sans que les chiffres qui les expriment ressortent avec ceux des opérations. Au grand-livre, elles ne figurent qu'au compte de la commission. Les opérations qui n'intéressent que le compte du commettant sont inscrites au journal et au grand-livre en la forme ordinaire.

Essayons de rendre sensible, par des exemples, le jeu de cette méthode.—Employons, pour plus de clarté, des chiffres ronds et rendons les opérations saillantes.

A, banquier à Paris, veut faire quelques opérations à Saint-Pétersbourg; il s'adresse pour cela au banquier T, son correspondant en cette ville, et le prie de lui servir de commissionnaire.

Il est évident, tout d'abord, que les opérations à faire à Saint-Pétersbourg pour le compte de A ne peuvent pas être confondues dans celles faites avec T personnellement. Il faut donc ouvrir à ces opérations un compte spécial autre que celui de T; car, lorsqu'elles sont faites, c'est en réalité A qui opère à Saint-Pétersbourg, et le détail de ces opérations, qui ne peut rentrer tout entier dans la comptabilité générale de la maison A, doit cependant y être rattaché. On ouvrira donc un compte spécial intitulé : « T, banquier à Saint-Pétersbourg, *mon compte.* »

Le 1er juillet, jour de l'ouverture de ce compte, A envoie à T divers effets de portefeuille sur Saint-Pétersbourg s'élevant ensemble à la somme de 50 000 roubles. Cette somme, qui sort du portefeuille de A, doit être inscrite au débit de T, mon compte. Mais comment y sera-t-elle inscrite, puisque ce compte, agissant à Saint-Pétersbourg, est tenu en roubles et kopecks, tandis que celui de la maison, à Paris, est tenu en francs et centimes?

Le problème est résolu par la double colonne de caisse, au grand-livre. Sur la première colonne à gauche, ou colonne intérieure, la somme remise à Saint-Pétersbourg sera inscrite en roubles; tandis qu'on convertira les roubles en francs, au prix coûtant ou au cours du jour, pour les inscrire au journal et à la colonne extérieure du grand-livre. On écrira donc au journal :

—————————————— Du 1ᵉʳ juillet. ——————————————

T, Mon compte, à Portefeuille, fr. 180 000.

Ma remise de 50 000 roubles, fr. . . . .   180 000   »

Les 180 000 francs ressortissent seuls au journal. Au grand-livre, on inscrit 50 000 roubles à la colonne intérieure et 180 000 fr. à la colonne extérieure. Cette dernière seule se rattache à la comptabilité générale, tandis que la colonne intérieure présente l'état réel du compte T, mon compte, qui est tenu en roubles et kopecks.

Le 12 juillet, T écrit qu'il a acheté pour le compte de A des lettres de change sur Londres pour 1 500 livres sterling, au change de 35, ce qui signifie que, dans cet achat, chaque rouble a été échangé contre 35 pence. A ce prix, 1 500 liv. sterling ont coûté roubles 10 285,71. On ne peut faire entrer cette opération dans la comptabilité générale de A, parce qu'elle ne donne lieu ni à une entrée ni à une sortie des valeurs que cette maison possède. Il y a bien une transformation opérée, mais cette transformation a eu lieu hors de la maison, sans sortir du compte à la charge duquel cette valeur avait été placée. Que fera-t-on? On inscrira au journal un article borgne dans la forme suivante :

—————————————— 12   id. ——————————————

T, m/ cᵗᵉ *créditeur*,

Achat de 1 500 ₶ à 35, r/ 10 285,71.

Cette somme, qui ne ressortit pas au journal, sera inscrite au grand-livre dans la colonne intérieure du crédit de T, mon compte.

Pourquoi? Parce que, en réalité, T a dépensé cette somme sur les 50 000 roubles qui lui avaient été adressés le 1er juillet, sans qu'elle soit perdue et sans que A en ait reçu la contrevaleur.

Le 18 juillet, T donne avis qu'il a pu vendre les 1 500 livres sterling à 54 et acheter 90 000 marcs banco à 55. Voilà deux opérations, une vente et un achat, faites sans aucun mouvement dans les valeurs qui figurent à la comptabilité générale de A. Elles devront donc être inscrites comme articles borgnes. Vendre des livres sterling à 54, c'est obtenir autant de roubles qu'il y a de fois 54 pence en 1 500 livres sterling, soit 10 588,23. Acheter des marcs banco à 55, c'est donner autant de roubles qu'il y a de fois 55 shillings dans la somme des marcs banco, dont chacun contient 16 shillings, soit pour 90 000 marcs, 43 636,36 roubles. Nous écrirons au journal de A :

---

18 id.

T, m/ c^{te} *débiteur*,
Vente de 1 500 liv. st. à 54, r/ 10 588,23.

Id. id.

T, m/ c^{te} *créditeur*,
Achat de 90 000 m/ b° à 55, r/ 43 636,36.

Nous ne ferons ressortir aucun de ces articles au journal et nous les porterons au grand-livre, le premier, qui a fourni une recette, au compte de commission, dans la colonne intérieure de son débit, et le second, qui a causé une dépense, dans la colonne intérieure du crédit.

Le 25 juillet, T envoie à A les lettres de change sur Hambourg, de l'importance de 90 000 marcs banco, achetés à Saint-Pétersbourg au compte de A. Ici nous n'avons pas, à parler proprement, d'opération nouvelle; seulement des valeurs que la maison possédait au dehors rentrent en ses mains. Ces valeurs doivent figurer à la comptabilité générale. Qui les fournit? T, mon compte. Qui les reçoit? Portefeuille. Il faut donc débiter Portefeuille par T, mon compte, en la forme ordinaire, et comme il s'agit de marcs de Hambourg, c'est-à-dire d'une monnaie étrangère, il faut la réduire en francs au cours du jour. Supposons que ce cours soit

186, c'est-à-dire que 100 marcs banco vaillent à Paris 186 fr.,
nous écrirons en la forme ordinaire :

<hr>
25   id.

PORTEFEUILLE à T, m/ c^{te}, fr. 167 400.

90 000 m/ b/ à 186, fr.. . . . . 167 400 »

Cette somme de 167 400 fr. ressortira au journal et sera inscrite au grand-livre à la colonne extérieure du compte T, mon
compte.

Supposons qu'au 30 juillet A veuille mettre fin à ses opérations
de Saint-Pétersbourg et en connaître le résultat. Il a reçu la note
des commissions, courtages et intérêts, qui s'élèvent à 557 roubles 93. Il l'inscrit au journal comme article borgne et la porte
au grand-livre à la colonne intérieure de T, mon compte.

En même temps, il recherche les frais de correspondance payés
à Paris à cause de ce compte et les relève à fr. 10,50. Cette somme
doit être portée au débit de T, mon compte, et, comme elle est
sortie de la caisse, elle ne saurait faire l'objet d'un article borgne. Il faut donc en débiter le compte par Caisse en la forme ordinaire.

A, voulant connaître le résultat de ses opérations, voit tout
d'abord que T, mon compte, a reçu 180 010 fr. 50 et fourni
167 400 fr. Il reste donc débiteur de 12 610 fr. 50. Mais, lorsqu'on solde les colonnes intérieures du compte, on trouve qu'il
est débiteur de 6 128 roubles 23. Si A fait traite sur T pour
cette somme et la négocie à 3 fr. 60 le rouble, il en obtiendra
22 061 fr. 60, et en portant cette somme, par Caisse, au crédit
de T, mon compte, en la forme ordinaire, ce compte sera soldé.
S'il ne tire pas effectivement, il peut solder le compte comme
s'il tirait et débiter T, mon compte, pour solde, de 22 061 fr. 60.

Supposons que A tire et négocie une traite de 6 128 roubles 23
à 360, nous écrirons au journal :

<hr>
31   id.

CAISSE à T, MON COMPTE, fr. 22 061,60.

M/ t/ à 360 de r 6 128 23, fr.. . . . . 22 061 60

Les roubles seront inscrits à la colonne intérieure du crédit de
T, mon compte, et les francs à la colonne extérieure. Alors le

crédit et le débit des colonnes intérieures, qui expriment les opérations faites par A à Saint-Pétersbourg, seront balancés. Le résultat de ces opérations ressortira de la comparaison du crédit et du débit des colonnes extérieures de T, mon compte.

En cet état, le crédit de T, mon compte, s'élèvera à 189 461 francs 62 et se soldera par 9 451 fr. 10. Que représente ce solde? Le bénéfice obtenu dans les opérations pratiquées. S'il était en faveur de l'actif du compte, il y aurait perte et le solde en exprimerait le chiffre.

JOUR-

1ᵉʳ juillet.			
T, MON COMPTE, à PORTEFEUILLE, Ma remise de 50 000 roubles à 360.		180 000	»
21 id.			
T, MON COMPTE, *créditeur*, Ach/ de L 1 500 à 55. . . . . *r*.	10 285	71	
18 id.			
T, MON COMPTE, *débiteur*, Vente de L 1 500 à 54. . . . . *r*.	10 588	23	
18 juillet.			
T, MON COMPTE, *créditeur*, Ach/ de 90 000 marcs banco à 55.	43 636	36	
25 id.			
PORTEFEUILLE à T, MON COMPTE, S/ rem/ de 90 000 m/ bᶜᵒ à 186.		167 400	»

GRAND-

T, DE SAINT-PÉ-

Juillet.							
	1ᵉʳ	à Portefeuille, r/ de 50 000 roubles à 60.	50 000	»	180 000	»
	18	—— v/ 1 500 l. à 54. . . .	10 588	23		
	30	à Caisse, ports de l/ etc. . .			10	50
	31	à Profits et Pertes, pʳ solde..			9 451	10
			60 588	23	189 461	60

Nous clorons le compte de T, mon compte, en le soldant par Profits et Pertes, ainsi qu'il suit :

—————————————— Id. id. ——————————————

T, Mon compte à Profits et Pertes, fr. 9 451 10,

Solde des bénéfices réalisés, fr.. . . . .   9 451 10

Nous établissons ci-après les écritures de A relatives à T, mon compte, tant au journal qu'au grand-livre :

NAL

—————— 30 id. ——————

T, Mon compte, *créditeur*,

| Montant des commissions et frais. . . r. | 557 | 95 | | |

—————— Id. id. ——————

T, Mon compte, à Caisse,

| Ports de lettres et menus frais.. . . . | | | 10 | 50 |

—————— 31 id. ——————

Caisse à T, Mon compte,

| Ma t/ à 360 de r.. . . . . | 6 128 | 23 | 22 061 | 60 |

—————— Id. id. ——————

T, Mon compte à Profits et Pertes,

| Solde de bénéfices réalisés.. . . . . . . | | | 9 451 | 10 |

LIVRE

TERSBOURG, M/ Cte.

Juillet.	12	—— Ach/ L 1 500 à 35.. . .	10 285	71			
	18	—— » 90 000 m/ b^co à 33.	43 636	36			
	25	par Portefeuille, 90 000 m/ b^co à 186.. . . ·			167 400	»
	30	—— C^ons et frais..	537	95		
	31	par Caisse, m/ t/ de r. 6 128 23 à 360.. . . .	6 128	23	22 061	60
			60 588	23	189 461	60

Le compte de T, de Saint-Pétersbourg, est tenu en la forme ordinaire, parce que, non-seulement T opère toujours avec la même monnaie, mais parce que toutes les opérations qu'il fait donnent lieu à une entrée effective ou à une sortie de valeurs. Il n'aura, tant au journal qu'au grand-livre, qu'un compte intitulé: « A, son compte, » qui sera crédité des roubles que les opérations feront entrer et débité de ceux que ces mêmes opérations feront sortir, c'est-à-dire qu'il sera crédité des sommes dont le compte T, mon compte, que nous venons d'établir, se trouve débité dans les colonnes intérieures du grand-livre et débité des articles dont nous l'avons crédité dans ces mêmes colonnes.

Il n'est pas nécessaire que l'on opère sur deux monnaies différentes pour qu'il convienne au banquier commettant de tenir le compte de ses opérations chez ses correspondants de la manière que nous venons d'indiquer.

Supposez que A s'adresse à R, banquier à Bruxelles, et le charge de vendre pour son compte 4 500 fr. de rente 4 1/2 belge dont il lui envoie les titres. Il ouvrira un compte intitulé « R, de Bruxelles, mon compte » et le débitera dans la forme ordinaire des 4 500 de rente au prix coûtant, soit 98 fr. Voilà R, mon compte, débité de 98 000 fr. Cinq jours après, 2 500 fr. de rente vendus par R à 99 produisent 55 000 fr. Il n'y a pas lieu de débiter à nouveau R, qui, en définitive n'a fait qu'une réalisation, et si l'on veut que, sans ouvrir un autre compte, il reste trace aux livres de cette opération, on débitera R, mon compte, par un article borgne au journal et par une inscription au grand-livre à la colonne intérieure de fr. 55 000. De même, si avec cette somme R achète à 25 10 des lettres sur Londres pour 2 000 livres sterling et ne les remet pas, on ne peut tenir note de cette opération que par un article borgne au journal, transcrit à la colonne intérieure du grand-livre, créditant R, mon compte de 50 200 fr. De même enfin si, après avoir vendu ces 2 000 livres sterling à 25 15, R pouvait acheter pour 29 850 fr. des lettres sur Paris jusqu'à concurrence de 30 000 fr., il faudrait le débiter par un article borgne de 50 300 fr., puis le créditer en la forme ordinaire de 50 000 fr. et à la colonne intérieure de 29 850 fr. En un mot, ce compte serait tenu de la même manière que s'il s'agissait de monnaies différentes.

Nous allons inscrire en forme les opérations que nous venons d'indiquer. Mais nous devons auparavant appeler l'attention du lecteur sur un cas, rare il est vrai, mais nullement impossible, celui où le commettant voudrait arrêter les opérations et en calculer le résultat avant que la totalité des valeurs envoyées par lui à son commissionnaire eût été réalisée.

Ainsi nous supposerons qu'on ait passé écriture chez A des opérations chez R que nous venons d'indiquer, telles qu'on les trouvera au journal ci-après et qu'au point où nous sommes arrivés, A veuille arrêter le compte. Il relèvera d'abord les frais et commissions de R, que nous évaluerons, si l'on veut, à 300 fr. et les portera, par un article borgne, au crédit de la commission, avec les achats et déboursés faits par elle. Les frais de Paris, tels que ports de lettres, ordres télégraphiques, etc., que nous évaluerons à 15 fr., ont été déboursés par la caisse et doivent, par conséquent, figurer au débit de R, mon compte, en la forme ordinaire.

En cet état, comment connaître par le compte le résultat des opérations? Ces opérations ont coûté : 1° les sommes fournies par A, figurant à la colonne extérieure du débit ; 2° les sommes fournies par R, figurant à la colonne intérieure du crédit, soit en tout fr. 178 365. Ces opérations ont fourni : 1° les sommes reçues par A, inscrites à la colonne extérieure du crédit ; 2° les sommes reçues par R, inscrites à la colonne intérieure du débit ; en tout fr. 135 500. La différence entre les sommes reçues et les sommes fournies s'élève donc à 43 065, que les opérations à commission semblent avoir perdu.

Mais ici il faut se rappeler qu'il reste en existence 2 000 fr. de rente 4 1/2 évaluée à 98, soit à fr. 43 555,55. Pour faire le compte, il faut donc porter cette somme comme si elle eût été reçue. Alors la balance des opérations est fr. 490,55 de bénéfice, que l'on passe par Profits et Pertes en la forme ordinaire. En cet état, le compte se trouve établi comme on le verra au journal et au grand-livre qui suivent :

JOURNAL

1er mai.			
R, m/c^{ie} à Fonds publics, Remise de 4 500 fr. 4 1/2 belge à 98 fr.. .		98 000	»

——— 5 id. ———		
R, m/ cᵗᵉ *débiteur*,		
V/ de 2 500 fr. à 99 fr.	55 000	»
——— 8 id. ———		
R, m/ cᵗᵉ *créditeur*,		
Ach/ de 2 000 *l.* à 25 10, fr.	50 200	»
——— 10 id. ———		
R, m/ cᵗᵉ *débiteur*,		
V/ 2 000 *l.* à 25 15, fr.	50 500	»
——— 12 id. ———		
PORTEFEUILLE à R, m/ cᵗᵉ,		
Remise de R, effets nᵒˢ.	50 000	»

GRAND-

R, MON

Mai.	1ᵉʳ à Fonds publ/.			98 000	»
	5 ——— V/ 2 500 fr. r/ à 99. .	55 000	»		
	10 ——— V/ 2 000 *l.* à 25 15. .	50 500	»		
	15 à Caisse.			15	»
	» ——— Pour ordre 2 000 fr. r/	43 555	55		
	» à Profits et pert/.			490	55
		148 855	55	98 505	55
	Solde ancien.	68 505	55	68 505	55

Lorsque, ainsi qu'il arrive fréquemment, le commettant désigne à son commissionnaire une ou plusieurs opérations à faire et lui demande remise du produit exact de ces opérations, on dit que son ordre a pour objet des opérations « par appoints » ou par « solde de net produit. » C'est ce qui a lieu quand les opérations sont faites pour compte d'autrui par le commettant, et qu'il doit, par conséquent, en faire connaître le résultat.

Ces articles ne donnent lieu à aucunes écritures spéciales.

———— 15 id. ————		
R, Mon compte, *créditeur*,		
Frais de Bruxelles, fr..	500	»
———— Id. id. ————		
R, Mon compte, à Caisse,		
Frais de Paris..	15	»
———— Id. id. ————		
R, Mon compte, *débiteur*,		
2 000 fr. de rente passés pour ordre, fr...	43 555	55
———— Id. id. ————		
R, Mon compte, à Profits et pertes,		
Bénéfices des opérations, fr..	490	55

LIVRE

COMPTE.

Mai.	8	———— Ach/ 2 000 *l.* à 25 10 .	50 200	»		
	12	par Portefeuille.	29 850	»	50 000	»
	15	———— Frais de Bruxelles.. .	700	»		
		Solde créditeur. . .	68 505	55	68 505	55
			148 855	55	98 505	55

§ 3. — COMPTES EN PARTICIPATION.

Les comptes de banque à la commission nous amènent naturellement à parler des comptes d'opérations en participation, qui sont tenus d'après les mêmes principes.

Ces principes consistent à considérer la participation, de même que la commission, comme une personne morale qui reçoit de plusieurs personnes et fournit à plusieurs personnes. Ce qu'elle reçoit de la maison dont on tient les livres et ce qu'elle lui fournit est inscrit en la forme ordinaire. Ce qu'elle reçoit des autres personnes ou leur fournit est passé en articles borgnes. Lorsque deux participants interviennent dans une opération, elle est passée au compte de l'un et par celui de l'autre au grand-livre.

Au grand-livre, on établit, tant au crédit qu'au débit, autant de colonnes de caisse qu'il y a de participants. Comme on considère la participation *au point de vue de la maison dont on tient les livres*, les achats avec les fonds des autres participants constituent un crédit et les ventes, qui lui fournissent des fonds, constituent pour elle un débit. Aussi les colonnes intérieures du débit de la participation constituent le crédit des participants auxquels elles sont affectées, tandis que les colonnes intérieures du crédit constituent le débit des participants. — Ainsi s'inscrivent les articles qui constituent à la fois le compte de la participation et celui de chacun des participants.

Comme la participation n'a, pas plus que la commission, de capital propre, on obtient le résultat des opérations en unissant en une seule somme tout ce qu'elle a reçu, et en une autre somme tout ce qu'elle a payé et possède. La différence de ces deux sommes montre l'importance du bénéfice ou de la perte et, une fois qu'elle est répartie, le compte de chaque participant se solde sans peine, indiquant ce que ce participant doit et ce qui lui est dû.

Supposons que X, de Paris, entreprenne de compte à demi avec V, de Marseille, des opérations sur les huiles. Il ouvre à ces opérations un compte spécial qu'il intitule : « V, de Marseille, Huiles 1/2 » et V, de son côté, ouvre sur ses livres un compte intitulé : « X, de Paris, Huiles 1/2. » Suivons d'abord les opérations sur les livres de X.

Le 1ᵉʳ juillet, jour où elles commencent, V achète 100 000 kil. d'huile d'olive à livrer dans le mois, au prix de fr. 1,40 le kil. et sur les 140 000 fr., prix de cet achat, il paye comptant 80 000 fr. Cette opération, qui engage X, ne donne pourtant lieu actuellement ni à une entrée, ni à une sortie, ni à une transformation des capitaux de sa maison. Il n'y a donc lieu de la mentionner que par annotation, en un article borgne. On écrira au journal :

────────────── Du 1ᵉʳ juillet. ──────────────

V, Huiles 1/2, *créditeur,*

Ach/ de 100 000 k. d'huile d'olive à 140, fr. . . . . . .   140 000 »

Au grand-livre, le compte V, huiles 1/2 ayant une colonne intérieure au crédit et au débit, sera crédité de cette somme dans la colonne intérieure.

Mais pourquoi, dira-t-on sans doute et non sans raison, inscrivez-vous 140 000 fr., prix complet de l'achat, lorsque 80 000 fr. seulement ont été payés? Parce que l'achat ayant été effectué par V, le compte qui en résulte est entre lui et son vendeur. Quant à la participation, elle a acquis la totalité des marchandises achetées et elle les doit à V en totalité. La circonstance d'avoir payé comptant une partie de la somme seulement peut donner lieu à un compte d'intérêt entre les participants, mais à rien autre. La participation n'étant pas une société et n'ayant nulle individualité propre, n'a d'autres comptes que ceux des participants et ne possède, à parler proprement, aucune créance et n'a aucune dette. Les tiers ne la connaissent point et elle n'a nul compte avec eux.

Cette observation faite, afin de simplifier le compte d'intérêts, nous supposerons que l'achat d'huiles a été fait contre espèces, au comptant.

60 000 kilogrammes d'huile sont expédiés sur Paris et donnent lieu à des frais de transport de fr. 6 000, qui sont payés par X, ainsi que 1 000 fr. pour frais de magasinage, manutention, etc. Ici nous rencontrons une sortie d'espèces qui doit être mentionnée par la comptabilité de X. On écrit donc au journal :

────────────── 10   id. ──────────────

V, Huiles 1/2 à Caisse,

Port et frais de magasin de 60 000 k. huiles, fr. . . . . . .   7 000 »

Au grand-livre, cette somme est inscrite en la forme ordinaire et à la colonne extérieure au débit de V, Huiles 1/2.

Le 15, avis de V, annonçant qu'il a vendu à fr. 1,42 le kilogr. les 40 000 kilogrammes d'huile qui restaient à Marseille et que le prix lui a été réglé en effets divers. Ces effets s'élèvent à la somme de 56 800 fr.

Voilà une opération qui intéresse au plus haut degré la participation, mais qui ne donne lieu à aucun mouvement de capitaux chez X. Elle doit donc être mentionnée par un article borgne et, au grand-livre, dans les colonnes intérieures.

Pendant les jours qui s'écoulent jusqu'au 31 juillet, X vend à 1 fr. 60 c. le kilogramme, en divers lots, les 60 000 kil. d'huile qui lui ont été envoyés, et en a reçu le prix en espèces ou en règlements. Réunissons ces diverses ventes en une seule et raisonnons l'opération.

Cette vente donne lieu à une entrée de 96 000 fr., espèces ou effets. Cette somme doit donc être inscrite en la forme ordinaire au crédit de V, Huiles 1/2, par Portefeuille ou par Caisse, soit dans les termes suivants :

Les Suivants à V, Huiles 1/2, savoir :

Portefeuille, effets nᵒˢ, fr. . . . . 60 000   ⎱
Caisse, espèces reçues, fr. . . . . 36 000   ⎰ 96 000 »

Au 31 juillet, on veut régler le compte. On trouve d'abord un compte d'intérêts, que nous supposerons de 6 p. %, en faveur de V, qui s'élève à 558 fr. Ce sont comme des frais d'opération avancés par V et ils doivent être portés, comme tels, à son crédit par un article borgne.

Cet article passé, voyons quels ont été les frais de l'opération. Ce sont évidemment ceux faits par V, mentionnés à la colonne intérieure du crédit, plus ceux faits par X, mentionnés à la colonne extérieure du débit. — Quels sont les produits de la même opération? Ce sont les sommes qu'elle a procurées à X, lesquelles se trouvent inscrites à la colonne extérieure du crédit, plus celles procurées à V, lesquelles se trouvent à la colonne intérieure du débit. — Donc on peut connaître le résultat de l'opération en additionnant ensemble les sommes inscrites à la colonne extérieure du débit et celles inscrites dans la colonne intérieure du crédit d'une part, puis, d'autre part, celles inscrites dans la colonne intérieure du débit et celles inscrites dans la colonne extérieure du crédit, et en relevant ensuite la différence des sommes produites par ces deux additions. Si la différence est en faveur de la première somme, les frais de l'opération sont supérieurs aux produits : il y a perte. Si, au contraire, la différence est en faveur de la seconde somme, les frais sont inférieurs aux produits : il y a bénéfice.

Dans notre exemple, les frais consistent en 140 000 fr. avancés par V, 7000 fr. avancés par X, plus 558 fr. d'intérêts au profit de V, en tout, fr. 147 558. — Les produits sont : fr. 56 800 de ventes faites par V, plus 96 000 fr. de ventes faites par X, en tout 152 800 fr. Il y a donc un bénéfice de 5 242, à partager entre les participants, soit fr. 2 621 pour chacun d'eux.

Cette somme étant acquise à X, il en débitera V, Huiles 1/2 par Profits et Pertes en la forme ordinaire. Une somme égale, acquise à V, sera passée en article borgne à la colonne intérieure du crédit.

Ces articles inscrits, le compte peut et doit être soldé en la forme ordinaire et les colonnes intérieures, qui expriment le compte personnel de V, devront donner le même solde que les colonnes extérieures, qui expriment le compte personnel de X. En effet, la participation n'a d'autre débiteur et d'autre créancier que les participants, et l'un d'eux ne peut être créancier sans que l'autre soit débiteur d'égale somme. Dans notre exemple, l'une et l'autre balance donnent un même solde de fr. 86 379, dont X est redevable à V, valeur au 31 juillet, sauf escompte des effets reçus par X dont l'échéance est encore à venir.

Voici comment les opérations seront établies, tant au journal et au grand-livre de X qu'au journal et au grand-livre de V :

JOURNAL DE X, A PARIS

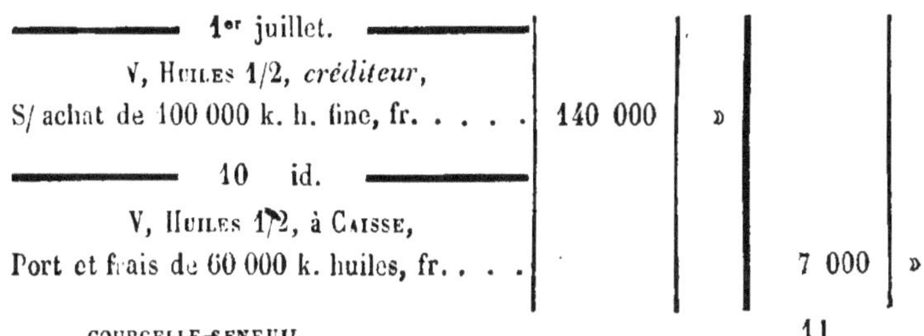

1er juillet.			
V, Huiles 1/2, *créditeur*,			
S/ achat de 100 000 k. h. fine, fr.	140 000	»	
10 id.			
V, Huiles 1/2, à Caisse,			
Port et frais de 60 000 k. huiles, fr.			7 000	»

——— 15 id. ———

V, HUILES 1/2, *débiteur*,

S/ vente de 40 000 k. à 142, fr. . . . . . | 56 800 | »

——— 31 id. ———

Les Suivants à V, HUILES 1/2,

CAISSE, fr. . . . . 56 000 »		
PORTEFEUILLE, effets nᵒˢ. . . 60 000 »	96 000	»

GRAND-LIVRE DE X,
V, DE MARSEILLE,

			Débit		Crédit	
Juillet.	10	à Caisse, frais divers.			7 000	»
	15	——— S/ vente.	56 800	»		
	31	à Profits et Pertes.			2 624	»
		Balance.	86 579	»	86 579	»
			143 179	»	96 000	»

JOURNAL DE V,

——— 1ᵉʳ juillet. ———

X, HUILES 1/2, à CAISSE,

M/ ach/ de 100 000 k. h. à 140, fr.. . . . . | 140 000 | »

——— 10 id. ———

X, HUILES 1/2, *créditeur*,

Port et frais divers faits par X, fr. . . . | 7 000 | »

——— 15 id. ———

CAISSE à X, HUILES 1/2,

M/ v/ de 40 000 k. à 142, fr.. . . . . . | 56 800 | »

GRAND-LIVRE DE V,
X, DE PARIS,

			Débit		Crédit	
Juillet.	1ᵉʳ	à Caisse, m/ ach/.			140 000	»
	31	——— S/ v/.	96 000	»		
	»	à Profits et Pertes.			3 179	»
			96 000	»	143 179	»
		Solde ancien.	86 579	»	86 379	»

———— Id. id. ————

V, Huiles 1/2, *créditeur*,
S/ c^te intérêts, fr.. . . . . . . 558 »
S 1/2 des bénéfices.. . . . . . 2 621 » } 3 179 »

———— Id. id. ————

V, Huiles 1/2, à Profits et Pertes,
M/ 1/2 des bénéfices. . . . .   2 621 »

A PARIS
HUILES 1/2.

Juillet.	1er	—— S/ Achat.	140 000	»			
	31	par plus/ c^tes.			96 000		»
	»	—— S/ c^te int/ et bénéf/. .	3 179	»			
			143 179	»	96 000		»

DE MARSEILLE

———— 31 id. ————

X, Huiles 1/2, *débiteur*,
S/ v/ de 60 000 k. h. à 160, fr. . . . . . .   96 000 »

———— Id. id. ————

X, Huiles 1/2, à Prof/ et Pertes, savoir :
M/ c^te d'intérêts, fr.. . . . . . 558 »
M/ 1/2 des bénéfices, fr. . . . 2 621 » } 3 179 »

———— Id. id. ————

X, Huiles 1/2, *créditeur*,
S/ 1/2 des bénéfices, fr. . . . .   2 621 »

A MARSEILLE
HUILES 1/2.

Juillet.	10	—— Frais div/.	7 000	»			
	15	par Caisse, m/ v/..			56 800		»
	31	—— S/ 1/2 des bénéfices. .	2 621	»			
		Solde à nouveau. . .	86 379	»	86 379		»
			96 000	»	143 179		»

Supposons maintenant qu'au lieu d'être faites de compte à demi et entre deux personnes, les opérations soient faites à 1/3 et entre trois personnes, savoir : X, V et D de Lille. Il s'agira de réunir trois comptes en un, mais sans changer la méthode et les dispositions que nous venons d'indiquer. Au lieu de deux colonnes de caisse tant au crédit qu'au débit du grand-livre, nous en aurons trois correspondant aux comptes de chacun des participants. Au journal nous indiquerons le compte qui doit être crédité ou débité, en commençant la rédaction de l'article par le nom du participant auquel appartient le compte.

Nous ouvrons sur les livres de X un compte intitulé : V et D, huiles 1/3.

Le 1er août, V achète 200 000 kil. d'huile fine à livrer dans le mois à 141 fr., soient 282 000 fr. Cette opération, faite par V, intéresse son compte, non celui de X. Nous l'inscrirons donc en article borgne sur les livres de celui-ci, ainsi qu'il suit :

―――――――――― 1er aout. ――――――――――

V et D, Huiles 1/3, V *créditeur*,
S/ ach| de 200 000 k. à 141, fr. . . . . . . | 282 000 | » | |

Au grand-livre cet article sera inscrit au crédit de V, dans la colonne intérieure qui lui est affectée.

Le 3 août, V prend livraison de 20 000 kil. d'huile et les expédie à Paris. Cette opération donne lieu à des frais, tant à Marseille qu'à Paris. Ceux de Marseille, que nous supposons de 200 francs, sont avancés par V et portés au crédit de son compte, comme le prix de l'achat. Ceux de Paris, que nous évaluerons à 1500 fr., seront passés par Caisse en la forme ordinaire.

Le 4 août, avis de D, qu'il a acheté et expédié à X 100 000 kil. huile de colza à 80 fr. dont les frais d'expédition s'élèvent à 300 fr. Cet article sera inscrit au journal de X comme le précédent, ainsi qu'il suit :

―――――――――― 4   id. ――――――――――

V et D, Huiles 1/3, D *créditeur*,
S/ ach/ et expéd/ de 100 000 k. h. de colza, fr. | 80 300 | » | |

Au grand-livre cet article sera inscrit au crédit de D.

Le 10, X reçoit 10 000 kil. d'huile de Marseille et les 100 000 kil. d'huile de Lille. Évaluons ses déboursés à 10 000 fr. Voilà une sortie d'espèces de sa caisse : elle doit être inscrite en la forme ordinaire au crédit de Caisse et au débit de V et D, huiles 1/3.

———————————— 10 id. ————————————

V et D, Huiles 1/3, à Caisse,

Frais causés par les envois de ce jour. . . . . 10 000 »

Le 15, V vend sur place 100 000 kil. à 143. Cette vente n'affecte que son compte dans la participation : il faudra donc l'inscrire en article borgne, ainsi qu'il suit :

———————————— 15 id. ————————————

V et D, Huiles 1/3, V *débiteur*,

S/ vente de 100 000 kil. à 143 fr. . . . | 143 000 | » | |

Le 20, X vend 100 000 kil. d'huile de colza à 90 et 20 000 kil. d'huile d'olive fine à 165. Sous une forme ou sous une autre, il en reçoit la valeur, soit 90 000 fr. d'une part, et de l'autre 33 000 fr., en tout 123 000 fr. Cette somme entre au pouvoir de la maison X, soit en espèces, soit en effets, soit en créances. Dans le premier cas, on en débitera Caisse, dans le second Portefeuille et dans le troisième le débiteur ou les débiteurs. Nous supposons qu'elle entre sous les trois formes et nous écrivons :

———————————— 20 id. ————————————

Les Suivants à V et D, Huiles 1/3, savoir :

Caisse, espèces reçues.. . . . . 70 000 ⎫
Portefeuille, les effets n°°. . . . . 35 000 ⎬ 123 000 »
K, m/à. . . . . 18 000 ⎭

Le 31, V, vend les 80 000 kil. qui restent de son achat à 140, soit pour 112 000 fr. Il doit cette somme à la participation et nous écrivons en article borgne :

———————————— 31 id. ————————————

V et D, Huiles 1/3, V *débiteur*,

S/ v/ de 80 000 kil. à 140, fr. . . . . . | 112 000 | » |

Le même jour, D tire sur X une lettre de change à cinq jours de vue de 75 000. Cette opération intéresse la maison X : elle est donc inscrite en la forme ordinaire :

------------ Id. id. ------------

V et D, Huiles 1/3, à Effets a payer,

Acc^{on} de la t/ D, de fr. . . . . 75 000 »

Mais cette opération intéresse également le compte de D avec la participation, puisque celle-ci paye à D le montant de la traite. Il faut donc, en même temps qu'on passe l'article que nous venons de mentionner, inscrire au grand-livre en article borgne, au débit du compte de D, le montant de la traite. En effet, ce cas est exactement le même que celui où D aurait vendu à un tiers les marchandises de la participation et reçu du tiers cette somme.

Essayons, au 5 septembre, de régler les comptes de la participation, en écartant les comptes d'intérêts, pour simplifier.

Cherchons d'abord le résultat, perte ou gain, de la participation, en d'autres termes, combien elle a reçu et combien elle a fourni.

La participation a reçu : 1° les sommes fournies par X, inscrites à la colonne extérieure du débit du compte V et D, Huiles 1/3 ; 2° les sommes fournies par V, inscrites à la première colonne intérieure du crédit ; 3° les sommes fournies par D, inscrites à la seconde colonne intérieure du crédit. Donc nous additionnons les sommes inscrites à ces trois colonnes et nous trouvons 449 000 fr.

La participation a fourni : 1° les sommes reçues par V, inscrites dans la première colonne intérieure du débit ; 2° les sommes reçues par D, inscrites dans la seconde colonne intérieure du même débit ; 3° les sommes reçues par X, inscrites à la colonne extérieure du crédit. Nous additionnons ensemble toutes ces sommes et nous trouvons un total de fr. 453 000. La différence entre cette somme et celle de 449 000 s'élève à fr. 4 000, montant du bénéfice à partager entre les participants.

On aura sans doute remarqué que la somme de 75 000 fr., montant de la lettre de change tirée par D sur X le 31 août, n'est ni reçue ni fournie en réalité par la participation. En tirant et en acceptant cette lettre, deux des participants ont fait une opération qui, quoique née de la participation, ne l'intéresse pas. Aussi remarquera-t-on que cette somme, inscrite en même temps au crédit et au débit de la participation, n'affecte en rien le résultat définitif de son compte et ne touche en réalité que les comptes respectifs de X et de D, entre lesquels une sorte de virement a eu lieu.

Revenons à notre liquidation. Puisqu'il y a un bénéfice de fr. 4 000 à partager, X a droit à un tiers de cette somme dont il créditera son compte Profits et Pertes en la forme ordinaire, comme il suit :

V et D, Huiles 1/3, à Profits et Pertes,

M/ 1/3 des bénéfices de la participation, fr. 1 333 33

En même temps, il créditera ses deux coparticipants par un article borgne ainsi conçu :

V et D, Huiles 1/3, V et D *créditeurs*,

L/ 2/3 des béné/ de partic/, fr. . . . . .   2 666 60 | » | »

Au grand livre, cet article donnera lieu à l'inscription de fr. 1 333,30, au crédit de V et d'égale somme au crédit de D, dans les colonnes intérieures affectées à ces deux comptes.

Maintenant, si nous voulons procéder au solde des comptes, nous trouvons que celui de la participation est créditeur de fr. 35 166,70, dont X est débiteur. A qui X doit-il cette somme ? A ses coparticipants. Aussi trouvons-nous que les comptes de ceux-ci présentent deux soldes créditeurs, l'un, celui de V, de fr. 28 533,35, l'autre, celui de D, de fr. 6 633,35 et si nous additionnons ensemble ces deux sommes, nous trouvons au total précisément celle dont X est débiteur. Lorsque X s'acquittera de cette dette ; une fois les opérations terminées, il peut laisser à son compte de participation la forme ordinaire ou le continuer sur trois colonnes en inscrivant chaque payement à deux colonnes, comme nous avons inscrit la lettre de change de fr. 75 000. Ces payements, en effet, intéressent les participants, mais n'intéressent en rien la participation.

Nous allons donner ici, comme exemple, le journal et le grand-livre de X. Nous donnerons à la suite comme contre-épreuve,

JOURNAL DE X,

——— Du 1er août. ———		
V et D, Huiles 1/3, V *créditeur*, S/ ach/ 200 000 k. h. à 141, fr..	282 000	»
——— 3 id. ———		
V et D, Huiles 1/3, V *créditeur*, Frais d'expéd^{on} de 20 000 k., fr.	200	»
——— 4 id. ———		
V et D, Huiles 1/3, à Caisse, Frais d'expéd^{on} de 20 000 k. huile, fr.. .	1 500	»
——— Id. id. ———		
V et D, Huiles 1/3, D *créditeur*, S/ ach/ et expéd^{on} de 100 000 k. huile, fr.	80 300	»
——— 10 id. ———		
V et D, Huiles à 1/3, à Caisse, Frais de 120 000 k. reçus ce jour, fr. . .	10 000	»
——— 15 id. ———		
V et D. Huiles 1/3, V *débiteur*, S/ v/ de 100 000 k. à 143, fr.. . . . : . . .	143 000	»

GRAND-LIVRE DE X,

V ET D,

			V.		D.			
Août.	3	A Caisse, frais divers.. . .					1 500	»
»	10	A Caisse, id.					10 000	»
»	15	——— V/ de 100 000 k. à 143	143 000	»				
»	31	——— V/ de 80 000 k. à 140.	112 000	»				
»	»	A Effets à payer, I/ D. . .			75 000		75 000	»
Sept.	5	A Profits et Pertes					1 533	30
		Solde à nouveau..	28 533	35	6 633	35	55 166	70
			285 533	35	81 633	35	125 000	»

mais sans aucune explication, le journal et le grand-livre de V
et de D.

MARCHAND A PARIS

20 id.		
Les Suiv/ à V et D, Huiles 1/3, savoir:		
Caisse, espèces reçues, fr.. . . 70 000		
Portefeuille, effets nos. . . . 55 000	123 000	»
K, md à. 18 000		
31 id.		
V et D, Huiles 1/3, V *débiteur*,		
S/ v/ de 80 000 k. à 140, fr..	112 000	»
Id. id.		
V et D, Huiles 1/3, à Effets a payer,		
Acceptation de la traite D, de fr..	75 000	»
5 sept.		
V et D, Huiles 1/3, à Prof/ et Pertes,		
M/ 1/3 des bénéf/ fr..	1 333	30
Id. id.		
V et D, Huiles 1/3, V et D *créditeurs*,		
L/ 2/3 des bénéf/ fr.	2 666	70

MARCHAND A PARIS
HUILES 1/3

			V.		D.			
Août.	1	—— ach/ de 200 000 k. h.	282 000	»				
»	3	—— frais d'expédition.. .	200	»				
»	4	—— achat de 100 000 k.. .			80 500	»		
»	20	par plus/ comptes..					123 000	»
Sept.	5	—— leurs 2/3 de bénéfices.	1 333	33	1 333	33		
			283 333	33	81 633	33	123 000	»
		Soldes anciens.. .	28 533	33	6 633	33	55 166	70

JOURNAL DE V,

─────── 1er août. ───────		
X et D, Huiles 1/5, à J et Cie,		
M/ ach. de 200 000 k. h/ d'ol/ à 141, fr.. .	282 000	»
─────── 4 id. ───────		
X et D, Huiles 1/5, à Caisse,		
Frais d'expédon de 20 000 k. h/ à Paris.. .	200	»
─────── Id. id. ───────		
X et D, Huiles 1/5, X créditeur,		
Frais payés à Paris, fr..	1 500	»
─────── 6 id. ───────		
X et D, Huiles 1/5, D créditeur,		
S/ ach/ et expédon de 100 000 k. huile, fr..	80 500	»
─────── 11 id. ───────		
X et D, Huiles 1/5, X créditeur,		
Frais faits à Paris pr 120 000 k. h., fr.. .	10 000	»

GRAND-LIVRE DE V,

			X.		D.			
Août.	1	à J. et Cie, mon achat. . .					282 000	»
»	4	à Caisse, frais d'expédon. .					200	»
»	22	—— V/ de X..	125 000	»				
Sept.	5	à Profits et Pertes.. . . .					1 533	35
		Solde à nouveau. .			81 633	3:		
			125 000	»	81 633	3:	285 533	35
		Soldes anciens. . .	110 166	70			28 533	35

¹ On remarquera sans doute que les livres de V ne mentionnent pas la lettre de fr. 75 000 tirée par D sur X. C'est qu'en effet cette opération n'intéresse ni la participation ni V, mais seulement X et D, qui peut-être, pour ce motif, ne lui en ont pas donné avis. Il en résulte que, bien que la situation

MARCHAND A MARSEILLE

13 id.		
Portefeuille à X et D, Huiles 1/3, Regl‹ de m/ v/ de 100 000 k. à 145, fr. . .		145 000 »
22 id.		
X et D, Huiles 1/3, X *débiteur*, S/ v/ du 20 c‹, fr.	123 000 »	
29 id.		
B et C‹ie à X et D, Huiles 1/3, M/ v/ de 80 000 k. à 140, fr..		112 000 »
5 sept.		
X et D, Huiles 1/3, à Profits et Pertes, Mon 1/3 des bénéfices, fr..		1 533 33
Id. id.		
X et D, Huiles 1/3, X et D *créditeurs*, Leurs 2/3 des bénéfices, fr.	2 666 65	

MARCHAND A MARSEILLE[1]

			X.		D.			
Août.	4	——— frais à Paris.	1 500	»				
»	6	——— achat de D			80 300	»		
»	11	——— frais payés par X. . .	10 000	»				
»	13	par Portefeuille, ma v/.. .					145 000	»
»	29	par B et C‹ie. ma v/.. . .					112 000	»
Sept.	5	——— les 2/3 des bénéfices..	1 533	76	1 333	33		
		Solde à nouveau. .	110 166	76			28 533	35
			123 000	»	31 633	3	83 533	33
		Solde ancien. . . .			31 633	3.		

respective des comptes de X et de D ne soit pas exacte, sur les livres de V, celle de V lui-même, tant envers la participation qu'envers ses coparticipants, est parfaitement correcte.

JOURNAL DE D,

═══ **1ᵉʳ août.** ═══		
X et V, Huiles 1/3, V *créditeur*,		
Son achat 200 000 k. h. à 141, fr.. . . .	282 000	»
═══ **4 id.** ═══		
X et V, Huiles 1/3, X et V *créditeurs*,		
Expédition de 20 000 k. à Paris, fr.. . .	1 700	»
═══ **Id. id.** ═══		
X et V, Huiles 1/2 aux Suivants, savoir :		
A Port/, mon achat de 100 000 k. 80 000		
A Caisse, frais d'expédition à Paris 300	80 300	»
═══ **11 id.** ═══		
X et V, Huiles 1/3, X *créditeur*,		
Frais à Paris, fr..	10 000	»
═══ **16 id.** ═══		
X et V, Huiles 1/3, X *débiteur*,		
S/ v/ de 100 000 k. à fr.	143 000	»

GRAND-LIVRE DE D,

X ET V,

			X.		V.			
Août.	4	A plus/ comptes..					80 300	»
»	16	——— vente de V.			143 000	»		
»	21	——— V/ par X.	123 000	»				
Sept.	1	——— V/ par V..			112 000	»		
		A Profits et Pertes, n/ 1/3						
		du bénéfice..					1 533	33
		Solde à nouveau..			28 533	33		
			123 000	33	183 533		1 633	33
		Soldes anciens. .	33 166	76	. . . . .	.	6 633	33

On comprend, sans qu'il soit nécessaire de multiplier les
exemples, que cette manière de tenir les comptes en participa-

MARCHAND A LILLE

——— 21 id. ———				
X et V, Huiles 1/3, X *débiteur*, S/ v/ du 20 courant.	123 000	»		
——— 30 id. ——— X, banquier à X et V, Huiles 1/3, M/ t/ sur X, de fr.			75 000	»
——— 1er sept. ——— X et V, Huiles 1/3, V *débiteur*, S/ v/ de 80 000 kil. à 140, fr..	112 000	»		
——— 5 id. ——— X et V, Huiles 1/3, à Profits et Pertes, Mon 1/3 de bénéfices, fr..			1 333	33
——— Id. id. ——— X et V, Huiles 1/3, X et V *créditeurs*, Leurs 2/3 des bénéfices, fr.	2 666	65		

MARCHAND A LILLE.

HUILES 1/3.

			X.		V.			
Août.	1	——— ach/ de V.			282 000	»		
»	4	——— fr/ de P et M/. . . .	1 500	»	200	»		
»	11	——— frais de Paris. . . .	10 000	»				
»	30	par Portefeuille, m/ t/ s/ X.	75 000	»			75 000	»
Sept.	5	——— les 2/3 des bénéfices..	1 533	30	1 533	35		
		Solde à nouveau..	35 166	70			6 633	35
			123 000	»	283 533	35	81 633	33
		Solde ancien. .			28 533	35		

tion peut être conservée, quel que soit le nombre des participants. Elle peut se résumer dans les termes suivants :

1° Passer en la forme ordinaire les articles qui donnent lieu à une entrée ou à une sortie de capitaux de la maison dont on tient les livres ;

2° Passer par des articles borgnes les opérations qui causent entrée ou sortie de capitaux chez les autres participants et les porter au grand-livre dans la colonne de leur compte particulier, au crédit quand ils fournissent, et au débit quand ils reçoivent ;

3° Chaque fois qu'une opération intéresse deux des participants sans intéresser la participation, l'inscrire au crédit du participant qui fournit, et au débit de celui qui reçoit, si elle intéresse le participant dont on tient les livres, et la négliger si elle ne l'intéresse pas ;

4° Si l'on veut, en cours d'opérations, connaître la situation de chacun des participants envers la participation et envers ses coparticipants, relever le solde débiteur ou créditeur de chaque compte ;

5° Si l'on veut connaître le résultat de la participation, additionner ensemble les sommes qui lui ont été fournies par les divers participants, d'une part, et, d'autre part, les sommes qu'ils ont reçues, et relever la différence des deux totaux. Si le total des sommes reçues par la participation, joint aux marchandises qu'elle possède, excède le total des sommes fournies, il y a gain ; si, au contraire, le total des sommes fournies est le plus élevé, il y a perte ;

6° Une fois les bénéfices ou les pertes partagés et inscrits au compte de chaque participant, solder chacun de ces comptes et l'on devra trouver la somme des soldes créditeurs égale à celle des soldes débiteurs.

Cette manière de tenir les écritures des participations présente un avantage particulier, lorsque les participants, placés dans des pays différents, comptent avec des monnaies différentes. En ce cas, en effet, on n'a besoin de ramener à l'unité les diverses monnaies mentionnées dans les comptes qu'au moment de chercher le résultat de la participation et de clore ses écritures.

§ 4. — Arbitrages en participation.

La comptabilité des arbitrages en participation se raisonne et s'établit comme celle des participations de commerce. Mais, comme elle enregistre de fréquents tirages d'un participant sur l'autre, elle présente un plus grand nombre d'articles doubles que celle du commerce de marchandises et donne au compte un aspect un peu différent. Toutefois, en réalité, elle est exactement la même. Un exemple rendra sensible cette vérité.

Trois banquiers, A, de Paris, B, de Londres, et C, de Hambourg, veulent faire, en participation, quelques opérations d'arbitrage. Il est convenu que les avances faites par chacun des participants porteront intérêt à son profit au taux de la place sur laquelle il opère, soit 4 p. %, à Paris, 3 1/2 p. %, à Hambourg, et 5 p. %, à Londres; que les avances que chacun d'eux obtiendra de la participation porteront intérêt contre lui au même taux.

Les opérations commencent par un achat que fait A, de 500 000 marcs, à 185, en papier à trois mois sur Hambourg. Nous tenons les livres de A et nous y ouvrons un compte intitulé : « B et C, arbitrages 1/3 » que nous débitons par Caisse du prix d'achat des 500 000 marcs, ainsi qu'il suit :

1er août.

B et C 1/3 à Caisse,

Ach/ 500 000 m/ à 185, fr..	925 000	»	} 926 156 25
Courtage.	1 156 25		

Le 5, C, de Hambourg, donne avis qu'il a vendu 2 000 000 de francs de traites sur A, au prix de 190 francs pour 100 marcs. Comme les traites sont acceptées par A, la participation est débitrice envers lui de la somme de 2 000 000 par Effets à payer, en la forme ordinaire. On écrira donc :

5 id.

B et C 1/3 à Effets a payer,

Acc^{on} des tr/ de C/, s/ avis de ce jour. . . . . 2 000 000 »

Cette opération a produit à C m./ 1 052 631 9.26, moins le courtage, que nous évaluerons à 1/8 p. %, soit 1 315.12.66. Le produit net sera donc de 1 051 315 marcs, 12.60 shillings qui doivent être portés au débit de la participation, par un article borgne, ainsi qu'il suit :

Id. id.

B et C 1/3, C *débiteur*,

V/ de 2 millions de fr. à 190, marcs. 1 051 315 | 12,60 | | |

Le 8, avis de B qu'il a vendu 1 550 000 marcs au prix de 13.5 par livres sterling. Cette vente produit £ 116 431.18.5, moins un courtage de £ 145.10.9 ou net £ 116 286.7.8. Les marcs vendus par B auront été obtenus par l'envoi des 500 000 achetés par A, le 1er, et par des lettres tirées à trois mois par B sur C pour 1 050 000 marcs.

Cette opération est au débit de la participation, quant aux livres obtenues; elle constitue en même temps C créditeur des traites qu'il a acceptées. Comme elle n'occasionne chez A ni entrée, ni sortie de capitaux, elle ne figurera sur les livres que par deux articles borgnes ainsi conçus :

---

8 id.

B et C 1/3, C *créditeur*,

T/ de B sur C, s/ avis de ce jour, *m/.* 1 050 000 | | | |

Id. id.

B et C 1/3, B *débiteur*,

V/ de 1 550 000 marcs à 13.5, £. . 116 286 | 7.8 | | |

Le 10, A vend 116 000 livres sterling qu'il fournit en traites sur B, à cinq jours de vue, au prix de fr. 25 20. Ce sont 2 925 200 fr. moins un courtage de 1/8, soit de 3 654 fr. ou net 2 919 546 fr. Cette opération constitue la participation créancière de la somme obtenue et doit être mentionnée par un article en la forme ordinaire. En même temps, elle diminue le débit de B envers la participation du montant du tirage fait sur lui par A, et ceci sera mentionné par un article borgne. On écrira donc :

---

10 id.

CAISSE à B et C 1/3,

V/ de T/ sur B p. 116 000 £ net, fr. | | | 2 919 546 |

Id. id.

B et C 1/3, B créditeur.

Lettres fournies sur B, £. . . . . . | 116 000 | » | | |

Essayons au 12 août de relever les résultats de ce compte et de le balancer.

Réglons d'abord le compte d'intérêts.

A a fourni une somme de fr. 926 156,25, dont il n'a été couvert par la participation que le 10 août. Il a donc droit à dix jours d'intérêt à 4 p. % sur cette somme, soit à fr. 1 029,06. Mais le 10 août, il a été couvert et a reçu en outre fr. 1 995 589,75 dont il jouira pendant trois mois, jusqu'à l'échéance des traites acceptées par lui. Il doit donc à la participation 90 jours d'intérèt à 4 p. % sur fr. 1 995 589,75. Ce sont 19 935,89. Ainsi, tout compte fait, A doit à la participation à titre d'intérèts fr. 18 904,83, dont il doit être débité en la forme ordinaire par Profits et Pertes.

B a reçu, le 8 août, £ 116 286. Il a accepté et payera des lettres tirées sur lui le 10, à cinq jours de vue, pour £ 116 000. Il doit donc l'intérêt de la somme reçue par lui, durant neuf jours à 3 p. %. Ce sont £ 87.4.3, dont le compte de la participation doit être crédité par un article borgne.

C a reçu 1 051 315 marcs 12 shillings et 60 centièmes ae shilling, le 5 août, et ne doit rembourser à peu près cette somme qu'à trois mois à dater du 8 août, soit après 93 jours. Il doit donc à la participation 93 jours d'intérêt à 3 1/2 p. % sur la somme reçue, soit 9 505 marcs 10 shillings 35, et il faut en débiter la participation par un article borgne.

On peut donc écrire :

12 août.

Profits et Pertes à B et C 1/3.

M/ c^{te} d'intérêts, fr.. . . . . 18 904 83

Id. id.

B et C 1/3, B et C créditeurs.

Compte d'intérêts de B, £.. . . . | 87. 4. 3 | | |
d°   d°   de C, m/ b/. . | 9 505.10.35 | | |

En cet état et en supposant, ce qui ne serait guère loin de la vérité, que les menus frais avancés par chacun des participants fussent égaux, de telle sorte qu'on pût les négliger sans inconvénient, il serait facile de relever le résultat des opérations.

La participation a reçu, savoir :

De A. . . . . Fr.	2 926 156 25
De B, £ 116 000 à 25.20.	2 923 200 »
De C, m/ b/, 1 050 000 à 188..	1 974 000 »
Total.	7 823 356 25

La participation a produit, savoir :

A A,.. . . . . Fr.	2 938 450 83
A B, £ 116 435.12.9 à 25.20.	2 932 614 61
A C, m/ b/ 1 060 827.3.96 à 188.	1 994 344 29
Total.	7 865 409 73

Le bénéfice à partager est donc de fr. 42 053,48, dont le tiers est de fr. 14 017,82. Il faut débiter la participation de cette somme envers chacun des participants, en ayant soin de convertir en monnaie sterling, au change du jour de la liquidation, la part de B, et de même en marcs banco la part de C.

Nous écrirons donc :

<hr>

12 août.

B et C 1/3 à Profits et Pertes.

1/3 du bénéfice réalisé, fr.. . . . .   14 017 82

<hr>

Id.   id.

B et C 1/3, B et C, *créditeurs.*

1/3 des bénéf/ de B, £.	556.5.3	
1/3 des bénéf/ de C. m/ b/. . . .	7 456.4.60	

Ces articles inscrits, nous balançons les comptes en la forme ordinaire et nous trouvons un solde créditeur de fr. 1 723,24 en faveur de A, un solde créditeur de £. 182 13 sh. 4 d. en faveur de B, et un solde débiteur de m/b 3 365.23.35 au compte de C. Si, maintenant, nous changeons en francs, au cours de liquidation, les marcs et les livres, nous trouvons que le débit de C est égal, à une légère différence près, aux crédits réunis de A et de B. La différence (de 18 centimes) peut être attribuée aux fractions négligées dans les changes multipliés qu'il a fallu opérer, et on peut n'en pas tenir compte.

JOURNAL DE A, DE PARIS.

—————— 1ᵉʳ août. ——————

B et C 1/3, à Caisse,
Ach/ 500 000 marcs banco à 185, net fr. | 926 156 | 25

—————— 5 id. ——————

B et C 1/3, à Effets a payer,
Accepᵒⁿ des t/ de C à 5 mois, fr. . . . . . | 2 000 000 | »

—————— Id. id. ——————

B et C 1/3, *débiteur*,
V/ de 2 m/ de f/ à 190, m/ b/. . . . . . | t 051 315.12.60

—————— 8 id. ——————

B et C 1/3, C *créditeur*,
de B s/ C, suivᵗ avis du 7 cᵗ, m/ b/. . . | 1 0t0 000

—————— Id. id. ——————

et C 1/3, B *débiteur*,
550 000 m/ b/ à 13.5, £. . . . . | 116 286. 7. 8

—————— 10 id. ——————

ᐧ Caisse à B et C 1/3,
V/ de l/ sur B pour 116 000 l. st. net, fr. | 2 919 546 | »

—————— 12 id. ——————

Profits et Pertes à B et C 1/3,
M/ c/ d'intérêts, fr. . . . . | 18 904 | 83

—————— Id. id. ——————

B et C 1/3, B et C *débiteurs*,
C/ d'intérêts de B, £. . . . . | 87 .4.3
dᵒ dᵒ de C, m/ b/. . . . . | 9 505.10.35

—————— Id. id. ——————

B et C 1/3, à Profits et Pertes,
1/3 du bénéfice réalisé, fr. . . . . | 14 017 | 82

—————— Id. id. ——————

B et C, *créditeurs*,
1/3 bénéf/ de B, £. . . . . | 556. 5. 3
1/3 bénéf/ de C, m/ b/.. . . . . | 7 456. 4.60

GRAND-LIVRE
B ET C ARBI-

			B. £.	sh	d.	C. m/ b/	sch.			
Août.	1er	à Caisse.							926 156	25
	5	à Effets à payer. . . .							2 000 000	»
	»	—— V/ de 2 000 000 fr.				1 051 313	12	60		
	8	——V/ de 1 550 000 m/ b/	116 286	7	8					
	12	—— C/ d'int/ de B et C/	87	4	3	9 505	10	33		
	»	à Pr/ et Pert/ 1/3 d/bénéf/							14 017	82
		Solde à nouveau. .	182	13	4					
			116 536	7	3	1 060 821	6	05	2 940 174	07
		oldes anciens. . .	..	..	..	3 365	2	33	1 723	24

Il est inutile de multiplier ici les exemples. On comprend facilement que, quelque multiples et compliquées que fussent les opérations, elles pourraient être inscrites sans peine en suivant la méthode que nous venons d'indiquer. Les achats et ventes de titres ou de matières d'or et d'argent ne différeraient en rien

JOURNAL

———— **1er août.** ————		
A et C, arbitrages 1/3, A *créditeur*,		
Ach/ de 500 000 m/ b/ par A, fr.	926 156	25
———— **5 id.** ————		
A et C 1/3, A *créditeur*,		
Accon des t/ de C pr fr.	2 000 000	»
———— **Id. id.** ————		
A et C 1/3, C *débiteur*,		
Vente de 2 000 000 francs à 190, m/ b. .	1 051 515.12.60	»
———— **8 id.** ————		
Caisse à A et C 1/3,		
V/ de 1 550 000 m/ b/ à 13.3, £.		116 286.7.8
———— **Id. id.** ————		
A et C 1/3, C *créditeur*,		
M/ traites pour m/ b/.	1 050 000	»

DE A.
TRAGES 1/3.

			B.			C.	scd.			
			£.	sh	d.	m/ b/				
Août.	8	—— T/ de B s/ C/. . .				1 050 000	»	»		
	10	par Caisse L/ sur B.. .	116 000						2 919 516	
	»	p/ Prof/ et Pert/, c/ d'int/							18 901	83
	12	—— 1/3 des bénéf/ de B								
	»	et de C.	556	5	3	7 456	4	60		
		Soldes à nouveau.	. . .	..	..	3 565	2	55	1 725	24
			116 556	5	3	1 060 821	6	95	2 940 174	07
		Solde ancien.. . .	182	5	3					

des achats ou ventes de marchandises ordinaires, dont nous avons
parlé précédemment.

Nous donnons ici, sans aucune réflexion et à titre d'éclaircis-
sement, le journal et le grand-livre de B et de C.

DE B.

——— 10 id. ———

A et C 1/3 à Effets a payer,

L/ de A s/ n/ p^r £. 116 000

——— 12 id. ———

Profits et Pertes à A et C 1/3,

M/ c^{te} d'intérêts, £. 82.1 5.4

——— Id. id. ———

A et C 1/3, A et C *débiteurs*,

Cte d'intérêts de A, fr. . . . .   18 904 | 85
d°   d°   de C, m/ b/. . . . .   9 505,10.35 | »

——— Id. id. ———

A et C 1/3 à Profits et Pertes,

1/3 du bénéf/ réalisé, £. 556.5.3

——— Id. id. ———

A et C 1/3, A et C *créditeurs*,

1/3 bénéf/ de A, fr. . . . .   14 017 | 82
1/3 bénéf/ de C m/ b/. . . . .   7 456.4.60 | »

GRAND-LIVRE

A ET C ARBI-

			A. fr.		C. m/ b/						
Août.	5	—— V/ de 2 000 000 fr.			1 051 315	12	60				
	10	A Effets à payer. . . .						116 000	»	»	
	»	—— C\u1d57ᵉ d'int/ de A et									
	12	de C	18 904	85	9 505	10	55				
		A Profits et Pertes, m/									
	»	1/5 de bénéf/. .						556	5		5
		Solde à nouveau. .	1 725	24							
			2 940 174	07	1 060 821	6	95	116 556	5		5
		Soldes anciens. . .	. . . . .	. .	5 505	2	55	182	5		5

JOURNAL

══════ **1ᵉʳ août.** ══════		
A et B, arbitrages 1/5, A *créditeur*,		
Ach/ de 500 000 m/ b/ par A, fr.	926 155	25
══════ **5 id.** ══════		
Caisse à A et B 1/3,		
V/ de 2 000 000 fr., à 190, m/ b/.	1 051 315	12,60
══════ **Id. id.** ══════		
A et B 1/5, A *créditeur*,		
Accᵒⁿ de mes t/, fr..	2 000 000	D
══════ **8 id.** ══════		
A et B 1/5 à Effets a payer,		
Accᵒⁿ des t/ B pour m/ b/.		1 050 000 D
══════ **Id. id.** ══════		
A et B 1/5, B *débiteur*,		
V/ de 1 550 000 m/ b/ à 13.5, £.	116 286	7.8
══════ **10 id.** ══════		
A et B 1/5, B *créditeur*,		
Accᵒⁿ des t/ A pour £..	116 000	»

DE B.

TRAGES 1/3.

			A. fr.		C. m/ b/					
Août.	1ᵉʳ	—— Ach/ 500 000 m/ b/.	926 156	25						
	5	—— Acᶜᵒⁿ des t/ de C..	2 000 000	»						
	8	par Caisse.							116 286	7	8
	»	—— Acᶜᵒⁿ de m/ t/. . .			1 050 000	»	»			
	12	par Profi s et Pertes.. .							87	4	3
	»	—— 1/3 de B à A et à C.	14 017	82	7 456	4	60			
		Soldes à nouveau..	. . . . .	..	5 565	2	55	182	13	4
			2 940 174	07	1 060 821	6	95	116 556	5	5
		Solde ancien.. . .	1 725	24						

DE C.

————— Id. id. —————

A et B 1/3, A *débiteur,*

V/ de 116 000 £, net suivant avis, fr. . . . | 2 919 546 | » |

————— 12 id. —————

Profits et Pertes à A et B 1/3,

M/ cᵗᵉ d'intérêts, m/ b/. . . . . | 9 505 | 10.55 |

————— Id. id. —————

A et B 1/3, A et B *débiteurs,*

Cᵗᵉ d'intérêts de A, fr.. . . . . | 18 904 | 83 |
dᵒ   dᵒ   de B, £.. . . . . | 87 | 4.5 |

————— Id. id. —————

A et B 1/3 à Profits et Pertes,

1/3 des bénéf/ réalisés, m/ b/.. . . . . . | 7 456 | 4.60 |

————— Id. id. —————

A et B 1/3, A et B *créditeurs,*

1/3 bénéfice de A, fr. . . . . | 14 017 | 82 |
1/3   dᵒ   de B, £. . . . . | 556 | 5.5 |

GRAND-LIVRE
A ET B ARBI-

			A. fr.		B. £.	sh	d.			
Août.	8	A Effets à payer. . . .						1 050 000	»	»
»		——V/ de 1 550 000 m/b/			116 286	7	8			
10		——V/ de 116 000 £.. .	2 919 546	»						
12		——C⁰ d'int/ d/ A et d/ B/	18 904	83	87	4	3			
»		A Pr/ et Pert/ 1/3 des bén/.						7 456	4	60
		Soldes à nouveau..	1 723	21	182	13	4	3 365	2	35
			2 940 174	07	116 556	5	3	1 060 821	6	95

V. — De la comptabilité publique.

La comptabilité des finances publiques diffère à plusieurs
égards de celle des maisons particulières, non-seulement par sa
grandeur, mais aussi par l'uniformité des opérations qu'elle
constate. En effet, à part les régies financières, telles que l'administration des tabacs et celle des poudres, les ateliers comme
ceux où l'on fabrique des armes de toute sorte, dont les opérations ont la forme industrielle, la comptabilité publique n'enregistre que des entrées, des dépenses et des existences.

On doit séparer de la comptabilité publique les écritures, très-
importantes d'ailleurs, qui ont pour objet de constater la légiti-
mité des dépenses : ce sont celles auxquelles donnent lieu les
opérations des *ordonnateurs*, ou fonctionnaires chargés d'ordonner des payements, tels que les préfets, par exemple.

Le point de départ de ces écritures est le budget des dépenses,
accompagné des lois de crédit qui le complètent. Lors du vote du
budget ou des lois qui s'y rattachent, un crédit est ouvert à chacun
des ministres chargés de diriger les services publics et ce crédit
est divisé en autant de titres et de chapitres qu'il y a de comptes
de dépense divers. Chaque crédit partiel est ensuite divisé par
l'administration centrale entre les divers ordonnateurs placés
sous ses ordres, de telle sorte que chacun d'eux est crédité en
forme de compte de la somme totale qu'il a la faculté de dépenser

DE C·

TRAGES 1/3.

			A. fr.		B. £.	sh	d.			
Août.	1er	—— Ach/500 000 m/b/.	926 156	25				1 051 315	12	60
	5	par Caisse.		»						
	»	—— Acc^on de m/ t/.. .	2 000 000	»						
	10	—— Acc^on des t/ de A..		»	116 000	»	»			
	12	Par Profits et Pertes. .						9 505	10	55
	»	—— Bénéf/ de A et de B.	14 017	82	556	5	3			
			2 940 174	07	116 556	5	3	1 060 821	6	95
		Soldes anciens. . .	1 725	24	182	13	4	3 565	2	35

sur chacun des chapitres ou articles du budget des dépenses.

Chaque fois qu'un payement est ordonné, la somme qui en fait l'objet est imputée à l'article du budget auquel elle appartient, et cet article ou chapitre est débité de cette somme.

Ainsi chacun des comptables payeurs a son journal, son grand-livre et son livre de caisse. Les comptes du grand-livre se trouvent définis et nommés par le budget des dépenses, de telle sorte que les écritures de chaque comptable se rattachent sans peine aux livres de la comptabilité supérieure, qui est chargée de les résumer.

A la fin de l'exercice, la balance des chapitres du budget montre si une partie des crédits est restée sans emploi. On voit en même temps, s'il reste des dépenses à ordonner après épuisement des crédits ouverts, si ces crédits étaient insuffisants. Alors on annule les crédits sans emploi et on ajoute un supplément aux crédits insuffisants, de manière que les dépenses soient dûment autorisées, après avoir été contrôlées.

Bien que les comptes des ordonnateurs soient très-importants, et peut-être même les plus importants de tous, ils ne font pas partie de la comptabilité proprement dite : ils constituent une comptabilité d'ordre, dans laquelle ne figurent ni fonds, ni existences quelconques, puisque les ordonnateurs n'ont dans leurs mains le maniement d'aucune somme d'argent.

Il en est autrement des comptables chargés de recevoir ou de payer certaines sommes, de recevoir ou de livrer certaines matières. Ceux-là tiennent les livres élémentaires sur lesquels on relève la comptabilité générale des finances publiques.

Les comptables de matières, qui disposent de valeurs considérables, notamment dans les ministères de la guerre et de la marine, sont de véritables gardes-magasins. Des livres de magasin, en tout semblables à ceux que tient le commerce, pourraient leur suffire.

On a adopté une autre forme, un peu moins simple. La comptabilité des magasins est tenue au moyen d'un journal des entrées et des sorties et d'un grand-livre divisé par espèces de matières où chaque article est inscrit par quantités et valeurs. Ces articles sont ensuite relevés par valeurs seulement et par catégories dans un autre grand-livre plus résumé qui sert à établir les comptes annuels.

La comptabilité des magasins est confiée à un corps de comptables soumis à un cautionnement et responsables. Ils sont justiciables de la cour des comptes.

Comme les comptes de matières se trouvent presque toujours liés à des comptes industriels, on peut appliquer aux uns et aux autres les procédés de la comptabilité commerciale. Prenons pour exemple un des magasins de la marine destiné à fournir aux constructions, aux réparations et aux armements.

Les gardes-magasins tiendront les livres que nous avons indiqués. La comptabilité générale des magasins pourra tenir un journal et un grand-livre analogues à ceux que tiennent les banquiers pour les comptes courants. Seulement les comptes, au lieu d'être ouverts à des personnes, seront ouverts à des objets. Ces objets entreront au débit par la caisse du comptable chargé d'en acquitter le prix ou par un compte intitulé Désarmement: ils sortiront au crédit de leurs comptes respectifs et au débit de quelques comptes intitulés, par exemple, Constructions, Réparations, Armements.

Au journal et au grand-livre de la comptabilité du matériel, les divers objets entrés ou sortis ne seraient pas seulement énumérés; ils seraient aussi évalués, et lors du récolement qui accompagnerait l'inventaire, on pourrait apprécier leur moins-value et en débiter un compte spécial.

Rien ne serait plus facile que de rattacher cette comptabilité à la comptabilité générale des finances, par un compte général intitulé, par exemple, Matériel naval, débité d'abord de toutes les existences anciennes, puis, par un seul article, des entrées, tandis qu'il serait crédité par un seul article des sorties et moins-values. Le solde de ce compte présenterait l'état des existences en fin d'exercice.

Les comptables de deniers publics sont plus nombreux. La plupart d'entre eux reçoivent directement des contribuables les revenus publics ; les receveurs des finances reçoivent les fonds recueillis par les percepteurs immédiats. Les uns et les autres payent, sur l'ordre des fonctionnaires compétents, certaines dépenses.

Entre les comptables on peut distinguer ceux qui perçoivent les contributions directes et ceux qui reçoivent les autres revenus publics. Les premiers sont débités, conformément aux chapitres du budget des recettes et des votes législatifs qui s'y rattachent, des douzièmes qu'ils ont à percevoir et sont crédités à mesure des sommes qu'ils versent chez les receveurs de finances et des quittances de sommes dûment payées par eux qu'ils remettent aux mêmes receveurs.

Ceux qui reçoivent les autres branches de revenus publics ne peuvent être débités d'avance : ils se débitent eux-mêmes à mesure qu'ils font des recettes et se créditent à mesure qu'ils font des versements chez les receveurs des finances.

Les impôts non recouvrés, les remboursements à la suite de mauvaise perception, les remises et non-valeurs de toute sorte sont inscrits comme sortie effective d'espèces et portés à un compte spécial du budget des dépenses intitulé : Remboursements et non-valeurs.

Les receveurs des finances ont avec l'administration centrale des finances un compte qu'ils créditent de toutes les sommes versées par ceux qui reçoivent directement des contribuables et qu'ils débitent de toutes les sommes payées sur ordonnances en forme, pour subvenir aux dépenses publiques ou pour satisfaire aux dispositions que font sur eux, soit l'administration centrale, soit leurs collègues, au nom et pour le compte de l'administration centrale.

La surveillance des comptables qui reçoivent immédiatement des mains des contribuables les revenus publics est organisée et exercée par département. Une seconde surveillance est exercée par l'administration centrale.

Les rapports de l'administration centrale et des receveurs des finances font l'objet d'un service spécial; celui du mouvement des fonds.

Avec ces arrangements simples et clairs, au moyen d'une correspondance active et suivie, il est facile à la comptabilité générale de concentrer et de réunir en quelques chiffres les renseignements qui lui arrivent de toutes les parties du territoire.

Deux comptabilités d'ordre, dont l'une a pour modèle et pour crédit le budget des dépenses, l'autre pour modèle et pour débit le budget des recettes, constatent jusqu'à quel point les faits sont conformes aux prévisions législatives.

La comptabilité personnelle en quelque sorte relative aux existences de fonds se borne en définitive aux comptes courants du trésor avec les receveurs des finances, la Banque de France et quelques autres grands dépositaires de deniers publics, et tous ces comptes sont tenus en la forme commerciale ordinaire. On en relève l'état jour par jour, sur une feuille qui est soumise au ministre des finances et lui présente une vraie situation de caisse.

Tels sont les traits généraux de la comptabilité publique. Elle est simple et facile à comprendre. Quant aux livres auxiliaires qui servent à l'établir et qui constituent la comptabilité spéciale de chaque espèce de comptables, ils sont très-nombreux et varient selon le genre de service auquel ils s'appliquent. Ceux d'un receveur de l'enregistrement ne sont pas les mêmes que ceux d'un percepteur, et ceux-ci diffèrent de ceux d'un receveur de douanes. Ceux des régies financières, comme l'administration des poudres ou des tabacs, constituent de véritables comptabilités industrielles. Il en est de même des fonderies de canons, des fabriques d'armes, des chantiers de la marine, des manufactures de Sèvres, des Gobelins, etc. Mais les résultats de ces comptabilités, comme de celles des lycées, des facultés, etc., vont sans peine se centraliser à la comptabilité publique. Pour ordre, elles sont l'objet de chapitres spéciaux aux budgets des dépenses et des recettes : comme mouvement d'espèces, elles donnent lieu à des prises ou versements de fonds chez les receveurs des finances.

Tous les comptables sont soumis à la juridiction d'un tribunal commun, la cour des comptes. Cette cour examine, au fur et à mesure des opérations, les pièces qui justifient des recettes et des dépenses de chaque comptable. Elle recherche spécialement si, dans les recettes et dans les dépenses, le comptable s'est strictement conformé aux lois et règlements qui régissent la comptabilité publique, s'il s'est servi convenablement des formules de livres que l'administration des finances lui a fournies; elle vérifie aussi toutes les opérations arithmétiques relatives aux comptes, sanctionne la rectification des erreurs commises et prononce des arrêts qui déterminent judiciairement la situation de chaque comptable et dégagent ou définissent sa responsabilité.

Toutefois ni les ordonnateurs en général, ni ceux qui appliquent aux constructions les matières contenues dans les magasins de la marine ne sont justiciables de la cour des comptes.

JOURNAL

	——— Du 1er janvier 18.. ———			
1	Les Suivants à Capital, fr. 147 667, savoir :			
2	Marchandises, suivant inventaire.	81 667	»	
10	Caisse, espèces.	1 000	»	
18	D, banquier, en c^te c^t	15 000	»	147 667 »
25	Portefeuille, effets n^os	50 000	»	
	——— Id. id. ———			
1	Capital aux Suivants, fr. 11 000, savoir :			
35	à Effets a payer, acceptations diverses .	6 000	»	
40	à B., marchand à .., en compte.. . . .	5 000	»	11 000 »
	——— Du 2 id. ———			
10	Caisse à Marchandises, fr. 15 000,			
2	Ventes au comptant.			15 000
	——— Du 3 id. ———			»
2	Marchandises à Caisse, fr. 10 000,			
10	Achats au comptant, facture Z.			10 000 »
	——— Du 4 id. ———			
50	C. march/ à ..., à Marchandises, fr. 16 000,			
2	N/ facture n°			16 000 »
	——— Du 5 id. ———			
2	Marchandises à B., de ..., fr. 13 000,			
40	Montant de s/ facture du.			13 000 »
	——— Du 6 id. ———			
25	Portefeuille à Marchandises, fr. 10 000,			
2	N/ facture n° ..., réglée par les effets n°.			10 000 »
	——— Du 7 id. ———			
2	Marchandises à Effets a payer, fr. 12 000,			
35	Facture X, du ..., réglée par n/ accepta-			
	tion n°.			12 000 »

	——— Du 8 janvier 18.. ———		
18	D, banquier, à Marchandises, fr. 8 000,		
2	Remise du chèque de Y, pour n/ facture n°	8 000	»
	——— Du 9 id. ———		
2	Marchandises à D, banquier, fr. 4 000,		
18	N/ chèque n° ... contre la facture Z du .	4 000	»
	——— Du 10 id. ———		
2	Marchandises à Portefeuille, fr. 25 000,		
25	Remise des effets n° ... c/ la facture X du	25 000	»
	——— Du 11 id. ———		
2	Caisse à C, de ..., fr. 8 500,		
50	S/ remise espèces.	8 500	»
	——— Du 12 id. ———		
40	B, de ..., à Caisse, fr. 4 000,		
2	N/ payement de ce jour.	4 000	»
	——— Du 13 id. ———		
25	Portefeuille à C, de ..., fr. 1 000,		
50	S/ remise d'un effet n°	1 000	»
	——— Du 14 id. ———		
40	B, de ..., à Portefeuille, fr. 2 000,		
25	N/ remise des effets n°.	2 000	»
	——— Du 15 id. ———		
18	D, banquier, à C, de ..., fr. 1 500,		
50	Chèque c/ lui remis par C.	1 500	»
	——— Du 16 id. ———		
4	B, de ..., à D, banquier, fr. 2 500,		
18	Remise de n/ chèque n°.	2 500	»
	——— Du 17 id. ———		
60	Profits et Pertes à Caisse, fr. 500,		
2	Pour déficit constaté ce jour.	500	»
	——— Du 18 id. ———		
60	Profits et Pertes à C., de ..., fr. 100,		
50	Rabais consenti ce jour.	100	

	═══ Du 19 janvier 18.. ═══				
40	B, de ..., à PROFITS ET PERTES, fr. 450,				
60	Rabais en n/ faveur.			450	»
	═══ Du 20 id. ═══				
25	Les Suivants à PORTEFEUILLE, fr. 7 000, savoir :				
2	CAISSE, négociation des effets n°	6 823	85	7 000	»
60	PROFITS ET PERTES, escompte.	176	15		
	═══ Du 21 id. ═══				
25	PORTEFEUILLE aux Suivants, fr. 2 000, savoir :				
2	A CAISSE, prix des effets n°	1 965	»	2 000	»
60	A PROFITS ET PERTES, escompte. . . .	35	»		
	═══ Du 22 id. ═══				
35	EFFETS A PAYER aux S/, fr. 1 000, savoir :				
2	A CAISSE, payement de n/ acc°⁰ n°	985	50	1 000	»
60	A PROFITS ET PERTES, escompte	14	50		
	═══ Du 30 id. ═══				
40	B, de ..., à PROFITS ET PERTES, fr. 500,				
60	Pʳ égale somme payée le ... omise en s/ temps.			500	»
	═══ Du 31 id. ═══				
60	PROFITS ET PERTES à CAISSE, fr. 3 000, savoir :				
2	Loyer de magasin.	500	»	3 000	»
	Appointements de commis, gaz, etc. . .	1 500	»		
	Prélèvement de n/ s/ Jean.	1 000	»		
	═══ Id. id. ═══				
2	MARCHANDISES à PROFITS ET PERTES, fr. 3 333,				
60	Solde du compte à l'inventaire.			3 333	»
				309 050	»
	═══ Du 1ᵉʳ février 18.. ═══				
60	PROFITS ET PERTES à RÉSERVE, fr. 556.35,				
55	Solde de l'inventaire du 31 janvier. . . .			556	35

	═══ **Du 1er février 18..** ═══				
2	Les Suivants à Marchandises, fr. 62 000, savoir :				
20	Rentes, 2 000 fr., r/ 3 p. 100 à 69. . . .	46 000	»		»
65	Immeuble, terrain rue ..., n°	9 000	»	62 000	
45	Fontes moulées, existences.	7 000	»		
	═══ **Du 2 id.** ═══				
70	Divers à Fontes moulées, fr. 2 000,				
45	Dus par R, n/ facture n°			2 000	»
	═══ **Du 3 id.** ═══				
10	Caisse à Immeuble, fr. 350,				
65	Un an de loyer du terrain rue			350	»
	═══ **Du 4 id.** ═══				
65	Immeuble à Caisse, fr. 20,				
10	Contributions pour le terrain n°			20	»
	═══ **Du 6 id.** ═══				
75	Installation à Divers, fr. 10 000,				
70	Facture de N, entrepreneur.			10 000	»
	═══ **Du 7 id.** ═══				
70	Divers à Rentes, fr. 35 704.75,				
20	Prix de 1 500 r/ 3 p. 100 à fin c^t. . . .			35 704	75
	═══ **Du 8 id.** ═══				
40	Les Suivants à B, de ..., fr. 20 000, savoir :				
45	Fontes moulées, s/ facture du.	8 000	»	20 000	»
2	Marchandises, id.	12 000	»		
	═══ **Du 10 id.** ═══				
50	C, de ..., aux Suivants, fr. 9 000, savoir :				
2	A Marchandises, n/ facture n°	5 000	»	9 000	»
45	A Fontes moulées, id.	4 000	»		
	═══ **Du 12 id.** ═══				
70	Les Suivants à Divers, fr. 2 000, savoir :				
10	Caisse versement de R.	1 200	»	2 000	»
25	Portefeuille, r/ de l'effet n° ... par le même.	800	»		

	Du 14 février 18..				
70	Divers aux Suivants, fr. 10 000, savoir :				
25	A Portefeuille, négon des effets no ..., à N., entrepreneur.	9 000	»		
10	A Caisse, payé au même.	500	»	10 000	»
75	A Installation, rabais obtenu.	500	»		
	Du 15 id.				
55	Effets a payer à Caisse, fr. 5 000,				
10	Acquit de n/ accon no			5 000	»
	Du 18 id.				
2	Marchandises à Divers, fr. 50 000,				
70	Facture X, de ce jour..			50 000	»
	Du 19 id.				
18	D, banquier, à C, de ..., fr. 7 000,				
50	Remise par C d'un chèque s/ D, passé en c/ à celui-ci..			7 000	»
	Du 28 id.				
76	Frais généraux aux S/ fr. 3 000, savoir				
10	A Caisse, frais du mois..			3 000	»
	Du 10 mars 18..				
70	Divers aux Suivants, fr. 50 000, savoir :				
70	A Divers, ch/ r/ par G., agent de change, r/ à X.	35 704	75		
25	A Portefeuille, r/ des effets no ... à id.	12 000	»	50 000	»
10	A Caisse, espèces comptées au même.. .	2 295	25		
	Du 15 id.				
40	B, de ..., à Effets a payer, fr. 25 000,				
55	N/ accon no			25 000	»
	Du 16 id.				
2	Les S/ à Marchandises, fr. 30 000, savoir :				
25	Portefeuille, r/ des effets no ... pour v/ au c/.	15 000	»		
10	Caisse, espèces, r/ des effets no	5 000	»		
18	D., banquier, un chèque, s/ l/.	7 000	»	50 000	»
70	Divers, par R..	3 000	»		

	Du 26 mars 18..						
10	CAISSE à RENTES, fr. 125,						
20	Coupon de 500 fr. de r/ 3 p. 100. . . .					125	»
	Du 50 id.						
	FRAIS GÉNÉRAUX à CAISSE, fr. 5 200,						
10	Pour frais du mois..					5 200	»
	Id. id.						
60	PROFITS ET PERTES à INSTALLATION, fr. 500,						
75	Amortissement pendant le 1ᵉʳ trimestre de 18.					500	»
	Id. id.						
60	PROFITS ET PERTES à FRAIS GÉNÉRAUX, fr. 6 200,						
76	Pour solde à l'inventaire.					6 200	»
	Id. id.						
60	Les Suiv/ à PROFITS ET PERTES, fr. 8 143,35, savoir :						
2	MARCHANDISES, pour solde à l'inventaire. .	5 000	»				
20	RENTES, id. . .	1 665	35	8 143	35		
45	FONTES MOULÉES, id. . .	850	»				
65	IMMEUBLE, id. . .	650	»				
						339 799	45

LIQUIDATION.

═══ Du 31 décembre 18.. ═══

10	Caisse aux S/, fr. 175 685,60, savoir :					
2	A Marchandises, solde en liquidation. . .	70 000	»			
18	A D, banquier, id. . . .	32 000	»			
20	A Rentes, id. . . .	11 833	60			
25	A Portefeuille, id. . . .	23 800	»			
45	A Fontes moulées, id. . . .	9 850	»	175 683	60
50	A C, marchand à ..., id. . . .	6 900	»			
65	A Immeuble, id. . . .	9 300	»			
70	A Divers, id. . . .	3 000	»			
75	A Installation, id. payé par N	9 000	»			

═══ Id. id. ═══

10	Les Suivants à Caisse, fr. 179 216,70, savoir :					
	Effets a payer, solde en liquidation. . .	37 000	»			
40	B, marchand à ..., id. . . .	3 550	»	179 216	70
1	Capital, id. . . .	138 666	70			

═══ Id. id. ═══

1	Les Suivants à Capital, fr. 1 999,70, savoir :					
55	Réserve, solde en liquidation.		556	35		
60	Profits et Pertes, solde en liquidation. .	1 443	35	1 999	70

GRAND-LIVRE

DOIT   1   CAPI

18..				
Janvier. .	1er	A plusieurs comptes..	11 000	»
		Solde à nouveau.. .	136 667	»
			147 667	»
Décembre.	31	A Caisse, en liquidation.	138 666	70
			138 666	70

DOIT   2   MARCHAN

18..				
Janvier. .	1er	A Capital.	81 667	»
	3	A Caisse..	10 000	»
	5	A B, de..	13 000	»
	7	A Effets à payer.	12 00.)	»
	9	A D, banquier..	4 000	»
	10	A Portefeuille.	25 000	»
	31	A Profits et Pertes..	5 335	»
			149 000	»
		Solde ancien. . . .	100 000	»
Février. .	8	A B, de..., s/ f/.	12 000	»
	18	A Divers..	50 000	»
Mars. . .	31	A Profits et Pertes, solde. . . .	5 000	»
			167 000	»
		Solde ancien. . . .	70 000	»

LIVRE

18..					
Janvier. .	1er	Par plusieurs comptes.		147 667	»
				147 667	»
		Solde ancien. . . .		156 667	»
Décembre.	31	Par plus/ comptes, en liquidation.		1 999	70
				138 666	70

18..					
Janvier. .	2	Par Caisse..		15 000	»
	4	Par C, de.		16 000	»
	6	Par Portefeuille.		10 000	»
	8	Par D, banquier.		8 000	»
		Solde à nouveau. . .		100 000	»
				149 000	»
Février. .	1er	Par plus/ comp/..		62 000	»
	10	Par C, de.		5 000	»
Mars. . .	16	Par plus/ comp/.		30 000	»
		Solde à nouveau.. .		70 000	»
				167 000	»
Décembre.	31	Par Caisse, en liquidation. . . .		70 000	»

18..				
Janvier. .	1er	A Capital.	1 000	»
	2	A Marchandises..	15 000	»
	11	A C, de.	8 500	»
	20	A Portefeuille.	6 823	85
			31 323	85
		Solde ancien. . . .	10 875	35
Février. .	3	A Immeuble..	550	»
	12	A Divers.	1 200	»
Mars. . .	16	A Marchandises..	5 000	»
	26	A Rente..	125	»
			17 548	35
		Solde ancien. . . .	3 533	10
Décembre.	31	A plusieurs comptes, liquidation.	175 683	60
			179 216	70

18..				
Janvier. .	1er	A Capital.	15 000	»
	8	A Marchandises..	8 000	»
	15	A C, de.	1 500	»
			24 500	»
		Solde ancien. . . .	18 000	»
Février. .	19	A C, de.	7 000	»
Mars. . .	16	A Marchandises..	7 000	»
			32 000	»
		Solde ancien. . . .	32 000	»

SE   **10**   AVOIR

81..				
Janvier. .	2	Par Marchandises.	10 000	»
	12	Par B, de..	4 000	»
	18	Par Profits et Pertes.	500	»
	21	Par Portefeuille.	1 965	»
	22	Par Effets à payer.	985	50
	31	Par Profits et Pertes.	3 000	»
		Solde à nouveau.. .	10 873	35
			51 323	85
Février. .	4	Par Immeuble.	20	»
	14	Par Divers..	500	»
	15	Par Effets à payer..	5 000	»
	28	Par Frais généraux..	3 000	»
Mars. . .	10	Par Divers..	2 295	25
	30	Par Frais généraux.	3 200	»
		Solde à nouveau.. .	3 533	10
			17 548	35
Décembre.	31	Par plus/ c^{tes} en liquidation. . .	179 216	70
			179 216	70

QUIER, à...   **18**   AVOIR

18..				
Janvier. .	9	Par Marchandises..	4 000	»
	14	Par B, de.	2 500	»
		Solde à nouveau.. .	18 000	»
			24 500	»
		Solde à nouveau.. .	32 000	»
			32 000	»
Décembre.	31	Par Caisse, en liquidation. . . .	32 000	»

| DOIT | | **20** | | | REN |

18..				
Février. .	1er	A Marchandises.	46 000	»
Mars. . .	31	A Profits et Pertes, solde.	1 663	35
			47 663	35
		Solde ancien. . . .	11 833	60

| DOIT | | **25** | | | PORTE |

18..				
Janvier. .	1er	A Capital.	50 000	»
	6	A Marchandises..	10 000	»
	13	A C, de..	1 000	»
	21	A plusieurs comptes..	2 000	»
			63 000	»
		Solde ancien. . . .	29 000	»
Février. .	12	A Divers.	800	»
Mars. . .	16	A Marchandises..	15 000	»
			44 800	»
		Solde ancien. . . .	23 800	»

| DOIT | | **35** | | | EFFETS |

18..				
Janvier. .	22	A plus/ ctes.	1 000	»
		Solde à nouveau.. .	17 000	»
			18 000	»
Février. .	15	A Caisse..	5 000	»
		Solde à nouveau.. .	37 000	»
			42 000	»
Décembre.	31	A Caisse, en liquidation.. . . .	37 000	»

TES			20		AVOIR
18..					
Février. .	7		Par Divers.	35 704	75
Mars. . .	26		Par Caisse.	125	»
			Solde à nouveau. . . .	11 855	60
				47 665	35
Décembre.	31		Par Caisse, en liquidation. . . .	11 855	60

FEUILLE			25		AVOIR
18..					
Janvier. .	10		Par Marchandises.	25 000	»
	14		Par B, de.	2 000	»
	20		Par plusieurs comptes.	7 000	»
			Solde à nouveau. .	29 000	»
				63 000	»
Février. .	14		Par Divers.	9 000	»
Mars. . .	10		Par d°.	12 000	»
			Solde à nouveau. . .	23 800	»
				44 800	»
Décembre.	31		Par Caisse, en liquidation. . . .	23 800	»

A PAYER			35		AVOIR
18..					
Janvier. .	1er		Par Capital.	6 000	»
	7		Par Marchandises.	12 000	»
				18 000	»
			Solde ancien. . . .	17 000	»
Mars. . .	15		Par B, de.	25 000	»
				42 000	»
			Solde ancien. . . .	37 000	»

DOIT   **40**   B, MAR

18..					
Janvier. .	12	A Caisse.	4 000	»
	14	A Portefeuille.	2 000	»
	16	A D, banquier.	2 500	»
	19	A Profits et Pertes.	450	»
	30	A d° d°.	500	»
		Solde à nouveau.. .	8 550	»
			18 000	»
Mars. . .	15	A Effets à payer.	25 000	»
		Solde à nouveau.. .	5 550	»
			28 550	»
Décembre.	31	A Caisse, en liquidation.	5 550	»

DOIT   **45**   FONTES

18..					
Février. .	1er	A Marchandises..	7 000	»
	8	A B, de..	8 000	»
Mars. . .	31	A Profits et Pertes, solde. . . .	850	»
			15 850	»
		Solde ancien. . . .	9 850	»

DOIT   **55**   RÉ

18..					
		Solde à nouveau..	556	35
			556	35
Décembre.	31	A Capital, en liquidation.. . . .	556	35

CHAND à   40   AVOIR

18..					
Janvier . .	1er	Par Capital.		5 000	»
	4	Par Marchandises.		13 000	»
				18 000	»
		Solde ancien. . . .		8 550	»
Février . .	8	Par plusieurs comptes.		20 000	»
				28 550	»
		Solde ancien. . . .		5 550	»

MOULÉES   45   AVOIR

18..					
Février . .	2	Par Divers.		2 000	»
	10	Par C, de.		4 000	»
		Solde à nouveau.. .		9 850	»
				15 850	»
Décembre.	31	Par Caisse..		9 850	»

SERVE   55   AVOIR

18..					
Février . .	1er	Par Profits et Pertes.		556	35
				556	35
		Solde ancien. . . .		556	35

DOIT			50		C, MAR
18.. Janvier. .	4		A Marchandises..	16 000	»
				16 000	»
			Solde ancien. . . .	4 900	»
Février. .	10		A plus/ comptes.	9 000	»
				13 900	»
			Solde ancien. . . .	6 900	»

DOIT			65		IM
18.. Février. .	1ᵉʳ		A Marchandises..	9 000	»
	4		A Caisse..	20	»
Mars. . .	31		A Profits et Pertes, solde.. . . .	630	»
				9 650	»
			Solde ancien. . . .	9 300	»

DOIT			70		DI
18.. Février. .	2		A Fontes moulées f/ R..	2 000	»
	7		A Rentes, G, agent de change.. .	55 704	75
	14		A plus/ c/, p/ à N, entrepreneur..	10 000	»
Mars. . .	10		A plus/ c/, acq. de la facture X. .	50 000	»
	16		A Marchandises..	3 000	»
				100 704	75
			Solde ancien. . . .	3 000	»

CHAND, à   **50**   AVOIR

18..				
Janvier. .	11	Par Caisse.	8 500	»
	13	Par Portefeuille.	1 000	»
	15	Par D, banquier.	1 500	»
	18	Par Profits et Pertes..	100	»
		Solde à nouveau.. .	4 900	»
			16 000	»
Février. .	19	Par D, banquier.	7 000	»
		Solde à nouveau.. .	6 900	»
			13 000	»
Décembre.	31	Par Caisse, en liquidation. . . .	6 900	»

MEUBLE   **65**   AVOIR

18..				
Février. .	3	Par Caisse.	350	»
		Solde à nouveau.. .	9 300	»
			9 650	»
Décembre.	31	Par Caisse..	9 300	»

VERS   **70**   AVOIR

18..				
Février. .	6	Par Installation, f/ N, entrepr/.. .	10 000	»
	12	Par plus/ c/ payés par R.	2 000	»
	18	Par Marchandises, f° X.	50 000	»
	10	Par d° chèque de G, ag. de ch°.. .	35 704	75
		Solde à nouveau.. .	3 000	»
			100 704	75
Décembre.	31	Par Caisse, en liquidation.. . . .	3 000	»

DOIT			**60**		PROFITS

18..					
Janvier. .	17	A Caisse..		500	»
	18	A C, de..		100	»
	20	A Portefeuille.		176	15
	31	A Caisse..		3 000	»
		Solde à nouveau. . .		556	35
				4 332	50
Février. .	1er	A Réserve..		556	35
Mars. . .	30	A Installation.		500	»
	31	A Frais généraux..		6 200	»
		Solde à nouveau.. .		1 443	35
				8 699	70
Décembre.	31	A Capital, en liquidation..		1 443	35

DOIT			**75**		INSTAL

18..					
Février. .	6	A Divers.		10 000	»
				10 000	»
		Solde ancien. . . .		9 000	»

DOIT			**76**		FRAIS

18..					
Février. .	28	A Caisse..		3 000	»
Mars. . .	30	A d° d°..		3 200	»
				6 200	»

ET PERTES · **60** · A V O I R

18..					
Janvier..	19	Par B, de.	450	»
	21	Par Portefeuille..	35	»
	22	Par Effets à payer..	14	50
	30	Par B, de.	500	»
	31	Par Marchandises à l'inventaire. .	3 533	»
			4 332	50
		Solde ancien..	556	35
Mars. . .	31	Par plus/ comptes..	8 143	35
			8 699	70
		Solde ancien.. . . .	1 443	35

LATION · **75** · AVOIR

18..					
Février..	14	Par Divers.	500	»
Mars. . .	30	Par Profits et Pertes..	500	»
		Solde à nouveau.. .	9 000	»
			10 000	»
Décembre.	31	Par Caisse, en liquidation. . . .	9 000	»

GÉNÉRAUX · **76** · AVOIR

18..					
Mars. . .	31	Par Profits et Pertes.	6 200	»
			6 200	»

RÉPERTOIRE

G H I

J K L M

N O P

Q R

S T U V X Y Z

TABLE DES MATIÈRES

DEUXIÈME PARTIE. — Comptabilité.

Typographie A. Lahure, rue de Fleurus, 9, à Paris